Design
and Cost Analysis Menu

菜单设计
与成本分析

现代工商管理经典教材

U0226011

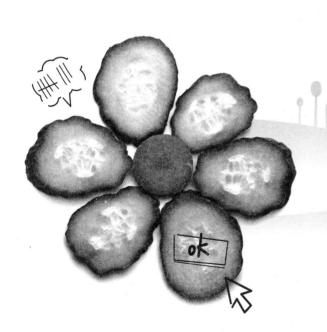

刘念慈　董希文 ‖ 著

经济管理出版社
ECONOMY & MANAGEMENT PUBLISHING HOUSE

前　言

本书特色

餐饮的投资成本低，大部分的人都可以跨入市场经营，但市场存活率却很低。想要在市场中占有一席之地，除产品好吃、特别外，还需掌握餐饮的精髓——"菜单设计与成本分析"。

两位作者皆在业界服务与教学多年，本书多数内容皆为实务工作经验，累积多年教学经验，了解学生的学习需求，并参考相关文献后，合作编纂一本适合餐旅管理相关科系学生使用的学习参考书。虽说是教科书，却多以实际案例，结合理论为根、实务为用的观念，带入设计菜单与成本分析的正确观念。

另外，本书图文并茂，各式的菜单案例贯穿全文，并有"小典故"专栏介绍菜单及餐饮常识。同时还附上实作习题让学生能够学以致用。

丰富实用的辅助教材——教学投影片图文并茂，以提升教学效率与效果。另有授课教师专用教学大纲与题库作为教学利器。

本书架构

本书分共九章。前三章着重在建立同学餐饮业菜单与设计菜单的必备知识。第四章至第六章重点在教授同学如何分析餐饮业市场、调查市场进而找寻到目标顾客。第七章则是介绍菜单规划与成本的关联性。而第八章为菜单设计完成前的最后功课——菜单的评估与检视，其目的是避免菜单设计时因疏忽造成错误。最后第九章以食品卫生与安全对菜单的重要性及未来菜单设计趋势作为完结。

感谢

以下餐饮业经营者提供他们优质菜单作为典范，可以让学生有学习依据，我们由衷感谢。他们是（按公司笔画）：

台北馥敦大饭店

台湾高速铁路股份有限公司

鼎泰丰餐厅

此外，也要对长荣航空资深空服人员刘升华及华航空服人员李婉琦说一声谢谢。她们在本书编辑期间给予了无限的协助。当然更要感谢前程文化事业有限公司傅国彰副总经理与陈佳妮小姐为本书尽心尽力。最后，特别感激采用本书的老师与读者，你们的支持对我们是莫大的鼓励；对于本书有任何意见或指正，请联络 flence888@yahoo.com.tw、shiwen.tung@gmail.com。

刘念慈　董希文　敬上

2010 年 6 月

目 录

第一章　概论

1. 了解菜单对餐饮业的重要性及菜单定义。

2. 认识常见的菜单类型及其特点。

3. 介绍菜单轮替与周期。

4. 目前市场常使用的菜单呈现方式。

当您到文具店买东西时有文具商品目录，服饰店有服装商品目录，甚至超市定期都有产品更新目录，凡贩售民生产品的商店都有目录，借由此商品目录，好让潜在的消费者了解产品的功能、特色、价格等，通过这本目录，生产者可以告诉消费者想要传递的所有信息，让消费者在进行购买前对商品在充分认知下，达成购买行为。

而餐厅呢？餐厅的目录是什么？通常餐厅是利用什么工具来自我介绍、展现产品、传递重要的购买信息给他们的顾客？答案便是菜单！大至星级大饭店、小至路边摊，不管是真皮封套的菜单或是小摊贩用的点菜单，餐饮业通过这个工具来让顾客清楚明白自己商品的种类与特色以及顾客必须支付多少价钱来获得商品及相对应的附加服务。除此之外，更重要的是：服务员与顾客间的对话就从递送菜单那一刻开始，菜单搭起餐厅侍者与顾客沟通的桥梁。

菜单知识

菜单的定义

菜单是餐厅的商品目录，也是餐厅与顾客间的合约，菜单列出提供给顾客的产品内容、材料、烹调方法、分量及顾客必须支付多少价钱来获得商品及相对的附加服务。同时也是餐厅的自我介绍工具，展现产品特色、传递重要的购买信息给他们的顾客。

第一节　菜单的重要性

菜单相当于餐厅的自传，对于餐厅有以下八项重要性：

（1）餐厅的自我介绍：餐饮业者借由菜单介绍自己，凸显自我风格，展现与竞争者不同的产品，是让顾客更加认识餐厅最快速的方法。

（2）餐厅侍者与顾客的沟通桥梁：服务生与顾客间的对话就从递送菜单开始，双方借由讨论菜单（menu discussion）开始进行双向沟通。

（3）餐厅最佳行销工具：运用巧思设计及编排技术可以引导顾客点选高利润的菜肴，吸引顾客注意餐厅最拿手的产品达到促销及获利目地。

（4）制定服务流程的依据：中、西、日或异国风味餐，单点或套餐各有不同的服务准则。当主厨在设计及撰写菜单的同时，必须考虑到成品该如何呈现在顾客面前确保品质与卖相，此时服务的方法及流程便已一并形成。

（5）餐厅选购生财设备、制备器皿与餐具的指针：生产菜单内的菜肴时，必须要有相对应的设备来制作，最后的成品也必须依据菜单所列的分量来选择适合的器皿盛装。

（6）采购原物料的准则：主厨依据菜单内容，开立每日所需用的原物料给负责采购的单位，所以菜单内容项目的多寡和采购的内容与数量直接相关。

（7）餐厅研发的来源：通过研究与统计顾客从菜单点选的产品，主厨可以了解到顾客的喜好，借由修改或重新包装现有产品来创造新菜肴。

（8）餐厅检讨改进的方法：菜单上每一道菜的点菜率与顾客的意见收集，可以让餐厅经营者了解未来要变换菜单时的参考来源。

第二节　常见的菜单类型

餐饮业常会依照不同的经营性质、顾客对象及用餐目的来设计菜单达到销售目的，目前市场上可以区分为以下各类型的菜单：

一、中式菜单的设计原则

餐厅与饭店常直接讲 "à la carte" 来取代单点菜单，à la carte 其实是法文，但现在几乎是单点菜单的代名词。单点菜单的特色如下：

（1）菜肴具特色，可表现主厨手艺，通常餐厅的招牌菜色、主厨推荐、特别促销都会以单点菜单呈现。

（2）依照产品属性予以归类后，个别列出每个菜，如，中餐单点会先区分牛、猪、鸡、羊、海鲜、饭面、汤……，其下再列出每个菜名（见图 1-1）。西餐则会先区分为开胃菜、沙拉、汤、主菜、甜点等，再列出每个菜名（见图 1-2）。

图 1-1　中式菜单依产品分为烧腊、海鲜、肉类及家禽

海鲜 *Seafood*

墨西哥带子	Steamed Scallop Stuffed with Shrimp Mousse & Stir Fried with Mushroom & Runner Bean	NT$580
百花煎酿干贝	Steamed Scallop Topping with Shrimp Mousse	NT$580
XO酱鲜虾干贝	Stir Fried Scallop and Shrimp with X.O Chili Sauce	NT$580
翡翠黄金虾球	Deep Fried Shrimp with Seasonal Vegetable	NT$580
纸包黑椒银鳕鱼	Steamed Codfish with Black Pepper Sauce Wrapped in Tin Foil	NT$480
翡翠金酥沙拉虾球	Golden Fried Prawn Ball Sticked with Grated Potato & Mayonnaise	NT$480
XO酱花枝干贝	Stir Fried Scallop and Squid with X.O Chili Sauce	NT$480
葡汁海鲜蔷	Baked Assorted Seafood Topping with Mild Curry Sauce	NT$480
豆酥蒸鳕鱼	Steamed Cod Fish with Crispy Bean Paste	NT$450
翡翠鲜百合鳕鱼球	Stir Fried Fillet of Cod with Fresh Lily Stem and Vegetable	NT$450
XO酱百花油条	Deep Fried Dough Stick Stuffing Shrimp Mousse with X.O Chili Sauce	NT$450
四川翡翠虾仁	Stir Fried Shrimp and Seasonal Vegetable "Sichuan Style"	NT$450
鲜茄滑蛋虾仁	Scrambled Egg with Shrimp and Tomato	NT$450

图1-1　中式菜单依产品为烧腊、海鲜、肉类及家禽（续）

肉类、家禽 *Meat / Poultry*

吊烧馥敦牛肋眼	Grilled Rib Eye Steak	NT$580
白灼肥牛肉	Scald Sliced Tenderloin of Beef	NT$380
川味水煮牛肉	Sliced of Beef with Boiled Spicy Oil	NT$380
椒盐牛小排	Wok Fried Short Rib of Beef with Salt & Pepper	NT$380
金菇牛柳卷	Wok Fried Sliced of Beef Rolling with Needle Mushroom	NT$380
中式牛排	Wok Fried Fillet of Beef	NT$380
豉汁排骨蒸南瓜	Steamed Pork Rib and Pumpkin Fermented Black Bean Sauce	NT$380
蒜苗松阪猪	Wok Fried Matsusaka Pork with Leeks	NT$380
君度香橙排骨	Wok Fried Pork Rib with Orange Sauce	NT$380
顺德小炒	Stir Fried Julienne Cuttlefish、Julienne Pork、Chinese Celery and Peanut	NT$380
酸白菜炒大肠	Stir Fried Pork Intestine with Pickled Cabbage	NT$380
黑椒杏菇牛柳丝	Stir Fried Julienne Beef and King Oyster Mushroom with Black Pepper Sauce	NT$340
芥兰蚝油牛肉	Stir Fried Sliced of Beef and Kale with Oyster Sauce	NT$340

图1-1　中式菜单依产品为烧腊、海鲜、肉类及家禽（续）

cocktails

I'm Angus	$14.00	PS I Love You		$14.00
Peach Schnapps, Blue Curacao, Lime Juice, Lemonade with a Grenadine Float		Havana Rum, Kahlua, Baileys, Amareto and Cream		
		Vanilla Sky		$14.00
Cosmopolitan	$14.00	Vanilla Vodka, Malibu, Sugar Syrup, Lemon Juice served Shaken		
Vodka, Cointreau, Lemon Juice, Cranberry Juice				
Strawberry Flirt	$14.00	Winter Drop Mojito		$14.00
Champagne, Strawberry Liqueur, Fresh Strawberries		Dark Rum, Fresh Limes, Cointreau, Orange Juice, Sugar and Mint		
Wild Berry Mojito	$14.00			
Seasonal Berries, White Rum, Fresh Lime, Mint, and Cranberry Juice		Mocktail Fruit or Cream Based		$ 9.50
Caprioska	$14.00	Classic Cocktails		$14.00
Vodka, Fresh Lime, Sugar and Crushed Ice		Including Margarita, Daiquiri, Toblerone, Mai Tai. Please ask your waiter for more.		

entrées

Freshly Shucked Oysters –			Salt and Pepper Calamari	$18.50
Sydney Rock	1/2 dozen	$22.00	Served with Sweet Passionfruit Sauce	
Sesame Soy Sauce and Chilli	dozen	$40.00		
Tomato Dipping Sauces and Fresh Bread			Chargrilled Baby Octopus	$19.50
			Mango, Cucumber, Onion, Tomato, Coriander and Mint	
Oysters Kilpatrick	1/2 dozen	$22.00		
Bacon and Worcestershire Sauce	dozen	$40.00	Tempura Prawn	$19.50
			Asparagus, Dressed Leaves, Wasabi and Grain Mustard Mayonnaise	
Garlic Prawns		$19.50		
Lemon, Chive Cream Sauce			Warm Kangaroo Salad	$17.50
			Baby Spinach, Kalamata Olives, Fetta Cheese,	
Blue Swimmer Crab Cakes		$23.00	Herb Dressing topped with Tsatziki	
Ginger, Lime and Soya Dressing				

ENTRÉE PLATTER TO SHARE
~ $48.00 ~
Natural Oysters, Smoked Salmon, Chargrilled Octopus, Salt and Pepper Calamari

salads

Smoked Salmon Caesar	$16.50	Rocket and Persian Fetta Salad	$14.50
Caesar Salad	$13.50	Greek Salad	$10.50
Baby Cos, Caramelised Bacon, Anchovies,		Green Leaf Salad	$ 8.50
Parmesan, Croutons, Egg		Avocado Salad	$13.50

side orders

Garlic Bread	$ 3.50	Stir-Fried Vegetables	$ 9.50
With Parmesan Cheese			
		Sautéed Mushrooms	$ 6.00
Fried Onion Rings	$ 6.00		
		Creamy Mash Potato	$ 5.00
Trio of Breads	$ 5.50		
Chilli, Pesto and Garlic Bread all sprinkled		Chunky Chips	$ 5.00
with Parmesan Cheese			

children's menu

CHILDREN'S MENU – Under 12 years	$13.50
Steak and Chips or Fish and Chips or Chicken Nuggets and Chips, Soft Drink, Vanilla Ice Cream with either Chocolate or Strawberry Sauce	

All prices are inclusive of the current Goods and Services Tax (GST). Weekend & Public Holiday surcharge 10%.

图 1-2 西式菜单依产品分为主菜、沙拉、副菜

（3）有大小分量或人数来个别计价的情况。

（4）价格通常较组合菜单高。

二、套餐菜单

套餐菜单的英文为"prix-fixe menu"，法文"table d'hôte"亦常为业界所使用的名称。套餐菜单具有以下特点：

（1）由业者自行组合菜色，搭配一个价格，因固定的菜肴与道数，所以消费者不能自行变换或增加其中的菜品，否则会产生价格的变动。

（2）上菜时，有一定的出菜及服务顺序。

（3）依照菜色的质或量，会有普通、中级、高级的定价，如西餐的 A、B 套餐（见图 1-3）；日本料理的牡丹、椿、百合定食（见图 1-4）；或中餐的三人、四人、五人……合菜（见图 1-5）。

三、兼具单点与套餐菜单的综合菜单

此种菜单具有单点与套餐菜单的部分特点，是目前餐厅最常使用的菜单形式。此种菜单又分两种表现方式：一种为菜单上有单点及套餐两种形式在同本菜单内的"混合菜单"，英文称为"combination menu"（见图 1-4）；另一种为菜品以套餐组合下部分菜色固定，但部分项目可供顾客选择，价格会依顾客所选的品项不同而变动的"半单点菜单"，外文称为"semi à la carte"（见图 1-7）。综合菜单的特点：

（1）混合菜单：菜单上有单点的品项也有组合好的套餐菜单，提供给客人多样的选择。此种菜单是市面上最常用的菜单类型。如，麦当劳的 1-8 号餐，但也可再加点汉堡、薯条或其他品项。

（2）半单点菜单："semi à la carte"的菜单内，某些菜（如开胃菜、主菜、甜点、饮品）是可以挑选的，但某些菜则是固定不变（如汤或沙拉）。价格也会因可选择的菜品而有所不同。

講究新鮮食材·注重健康概念

A.午餐：Monday-Friday

◆緹亞磨 *350*
歐式鄉村套餐
湯
英格蘭巧達奶油湯
※
沙拉
什蔬生菜
※
主餐
A.什蔬燉雞
B.阿爾薩斯小里肌
C.勃根地紅酒燉牛肉
D.每日鮮魚
※
甜點 飲料

◆緹亞磨 *480*
維也納套餐
湯
英格蘭巧達奶油湯
※
沙拉
什蔬生菜
※
主餐
A.無骨牛小排
B.德國豬腳
C.瑞士薑汁鮭魚
※
甜點 飲料

需加10%服務費

◆緹亞磨下午茶
最低消 **180** 起/人

緹亞磨 花式花茶
咖啡點心套餐 **450**
Coffee or Tea with cake Snack
【+10% service】

緹亞磨 美酒搭配
鮮美Cheese套餐 **450**
Wine&Cheese(Salad)
【+10% service】

Cafe (Cold & Hot)

緹亞磨美式咖啡	110
緹亞磨拿鐵	130
緹亞磨卡布其諾	120
緹亞磨濃縮咖啡	120
緹亞磨特色冰咖啡	120

冰沙 Smoothies

緹亞磨新鮮水果冰沙	120

茶 Tea

花茶(壺)	120

蛋糕 Cake

緹亞磨蛋糕	60↑
以上單品加蛋糕	150

B.套餐：Monday-Sunday

◆緹亞磨 *680*
斯圖加特套餐
開味小品
※
湯(清湯or濃湯)Soup&麵包 Bread
※
前菜 Salad
※
主菜 Main Court 【三選一】
牛肉 Steak or 海鮮 Sea
其他排餐 Others
※
點心 or 當季新鮮果汁Juice
咖啡Coffee or 茶Tea or 冰沙

◆緹亞磨 *980*
西西里島套餐
依主菜色隨附贈搭配125c.c葡萄酒一杯
開味小品
※
湯(清湯or濃湯)Soup&麵包 Bread
※
前菜 Salad
※
冷小點
※
熱小點
※
主菜 Main Court 【三選一】
牛肉 Steak or 海鮮 Sea
其他排餐 Others
※
點心 or 當季新鮮果汁 Juice
咖啡Coffee or 茶Tea or 冰沙

◆緹亞磨 *1280*
巴塞隆納套餐
依主菜色隨附贈搭配125c.c葡萄酒一杯
開味小品
※
湯(清湯or濃湯)Soup&麵包 Bread
※
經典沙拉 Salad
冷小點
熱小點
※
主菜 Main Court 【三選一】
牛肉 Steak or 海鮮 Sea
其他排餐 Others
※
點心 or 當季新鮮果汁Juice
咖啡Coffee or 茶Tea or 冰沙

◆緹亞磨 *1580*
巴黎香榭套餐
依主菜色隨附贈搭配125c.c葡萄酒一杯
開味小品
※
湯(清湯or濃湯)Soup&麵包 Bread
※
前菜 Salad
冷小點
熱小點
※
經緻單品
※
主菜 Main Court 【三選一】
牛肉 Steak or 海鮮 Sea
其他排餐 Others
※
點心 or 當季新鮮果汁Juice
咖啡Coffee or 茶Tea or 冰沙

需加10%服務費

图 1-3　西餐依照菜色质量分为 A、B 套餐

211

懐石料理《牡丹》 NT$2,500

懐石料理《牡丹》

Special"KAISEKI"Course: "Botan"

食前酒・小鉢・前菜・椀・お造り・焼物・お凌ぎ・揚げ物・煮物・酢の物・止椀・食事・水菓子・甘味

食前酒、開胃菜、前菜、清湯、生魚片、烤物、小菜、炸物、煮物、醋物、味噌湯、飯、水果、甜品

Aperitif, Dainty, Appetizer, Clear Soup, Sliced Raw Fish, Broiled Dish, Small Dish, Fried Dish, Braised Dish, Vinegared Dish, Miso Soup, Rice, Fruits, Sweets

图 1–4　日本料理依菜色质量分为牡丹、椿、百合套餐

210

懐石料理 《椿》（月替り） NT$1,800

懷石料理 《椿》（每月菜單）

Monthly "KAISEKI"Course: "TSUBAKI"

食前酒・小鉢・前菜・椀・お造り・焼物・お凌ぎ・揚げ物・煮物・
酢の物・止椀・食事・水菓子・甘味

食前酒、開胃菜、前菜、清湯、生魚片、烤物、小菜、炸物、煮物、
醋物、味噌湯、飯、水果、甜品

Aperitif, Dainty, Appetizer, Clear Soup, Sliced Raw Fish, Broiled Dish, Small
Dish, Fried Dish, Braised Dish, Vinegared Dish, Miso Soup, Rice, Fruits, Sweets

图 1-4　日本料理依菜色质量分为牡丹、椿、百合套餐（续）

215

懐石料理《百合》(女性のお客様に限らせて載きます。) NT$1,200

懷石料理《百合》(僅限女性)

"KAISEKI" Course Only for Ladies: "YURI"

前菜・椀・お造り・焼物・中鉢・揚げ物・煮物・蒸し物・止椀・
食事・水菓子・甘味

前菜、清湯、生魚片、烤物、小菜、炸物、煮物、蒸物、味噌湯、
飯、水果、甜品

Appetizer, Clear Soup, Sliced Raw Fish, Broiled Dish, Small Dish, Fried Dish,
Braised Dish, Steamed Dish, Miso Soup, Rice, Fruits, Sweets

图 1-4　日本料理依菜色质量分为牡丹、椿、百合套餐（续）

Year End Party & Spring Party Table Menu A
【尾牙春酒餐宴菜單 A】

Assorted cold appetizers
味坊巧鮮五彩盤

Braised minced fish soup with crab meat and mixed vegetables
宋嫂魚絲翡翠羹

Stir-fried shrimp and sliced whelk with chili peppers
川北椒香鴛鴦鮮

Stewed pork belly served with steamed sausage rice and egg yolk
東坡豚燒家鄉飯

Steamed lived whole fish with scallions
玉露鮮蒸游水魚

Baked chicken stuffed with Chinese herbs in lotus leave
富貴乾隆窯燒雞

Braised sliced abalone with lettuces and mixed vegetables
鮑煨野菜鮮草蔬

Stewed soup with pork, fish belly, dried scallops and mushrooms
海味金盅藏珍寶

Seasonal fresh fruit platter
寶島仙果年延壽

Sweet dessert
甜甜蜜蜜沁湯品

每桌 NT$ 5,888 per table (10 persons) / 10 位

每位加 NT$88 可享柳橙汁無限暢飲,每桌(10 位)贈送品坊一人免費餐卷一張
如有需要請事先來電預定(03)398-0888 分機 3950
優惠期間至 2010.3.31 止

以上價格均以新台幣計價，並另加一成服務費。
Above prices are counted in New Taiwan Dollar and subjected to 10% service charge

图 1-5　中餐合菜菜单

Year-End Party & Spring Party Table Menu B
【中式尾牙春酒餐宴菜單 B】

Assorted cold appetizers platter
漢和鮮味御品盤

Braised soup with Hasma, minced fish, shredded chicken and vegetables
雪蛤蕈菜魚米羹

Braised pork ribs and vegetable with red yeast rice sauce, Wu Xi style
無錫醬燒肉骨頭

Steamed Tiger shrimp with Hua-Dao wine
花雕老酒醉斑蝦

Grilled beef short-ribs with fried crispy shrimp cakes
紫蘇鮮蝦小牛肋

Stir-fried crab with salt and peppers served with sticky rice
風塘蟹寶珍珠米

Simmer pork with bean curd and bamboo shoots served in casserole
砂鍋軟玉醃燉鮮

Grilled trout fish with chili peppers and spices
沙巴香草烤鱒魚

Sautéed mixed garden vegetables
銀紫綠映田園蔬

Seasonal fresh fruit platter
寶島仙果年延壽

Sweet dessert
甜甜蜜蜜沁湯品

每桌 NT$ 7,888 per table (10 persons) / 10 位

專案內含軟性飲料及柳橙汁無限暢飲,每桌(10 位)贈送品坊一人免費餐卷一張
如有需要請事先來電預定(03)398-0888 分機 3950
優惠期間至 2010.3.31 止

以上價格均以新台幣計價，並另加一成服務費。
Above prices are counted in New Taiwan Dollar and subjected to 10% service charge

图 1-5 中餐合菜菜单（续）

Year-End Party & Spring Party Table Menu C
【中式尾牙春酒餐宴菜單 C】需一個禮拜前預訂

Assorted cold appetizers
迎賓小碟杭湘鮮

Chilled lobster salad with stir-fried scallops
龍蝦彩碟玉明珠

Stewed soup with sliced abalone, pork knuckles, pork tendon, and mushrooms
禪修甕香躍牆來

Baked pork knuckle
杭香爐燒肴雲蹄

Stir-fried asparagus with abalone mushrooms in sesame sauce
綠芽草菇胡麻蔬

Wok-fried crab with Hua-Dao wine
燴燒老酒處女蟳

Steamed rice with mushrooms, ham, and Chinese cabbage
上海醃鮮老菜飯

Steamed red snapper with mushrooms and eggs
玉露芙蓉鮮紅斑

Braised soup with snails, pork ribs, mushrooms and ginseng
凝脂蔘燉聚寶盅

Steamed purple rice with red dates, lotus seeds and longan
福臨紫米甜八寶

Sweet dessert
甜甜蜜蜜沁湯品

Seasonal fresh fruit platter
寶島仙果年延壽

每桌 NT$ 9,888 per table (10 persons) / 10 位

贈送軟性飲料及柳橙汁無限暢飲,每桌(10 位)贈送品坊一人免費餐卷一張及紅酒一瓶
如有需要請事先來電預定(03)398-0888 分機 3950
優惠期間至 2010.3.31 止

以上價格均以新台幣計價,並另加一成服務費。
Above prices are counted in New Taiwan Dollar and subjected to 10% service charge

图 1-5 中餐合菜菜单 (续)

图1-6　单点与套餐的混合菜单

图1-7 套餐组合下，部分项目依点选价格会不同的半单点菜单

四、宴会菜单

餐饮业者会依照顾客不同的用餐目的，根据需求量身定制专属菜单。例如各式尾牙、春酒、弥月、寿宴等场合所使用的菜单（见图1-8）。宴会菜单需具有以下特点：

（1）针对顾客的需求与预算来设计菜单，因此需事先与宴会主人充分沟通再设计菜单。

（2）主人决定菜单后，每位客人的菜单都一样，不能选择。

（3）定价会依照主人预算及餐点内容而定，因此较有弹性调整空间。

（4）如为依照特定顾客量身设计的菜单，只有单次使用机会。

（5）宴会主人常常会有特别要求，如提供素食、不吃牛肉等。

棕櫚島 *Palm Island Resort*
西式婚宴自助餐菜單（Ⅰ）
Special Western Wedding Buffet Menu (I)

沙律 *Salad*
千姿萬柳（泰式粉絲沙律）*Thai Glass Noodle Salad*
才子配佳人（青瓜蟹柳沙律）*Cucumber & Crab Stick Salad*
八面玲瓏（日式八爪魚沙律）*Octopus & Bell Pepper Salad*
生財有道（凱撒沙律）*Caesar Salad*

凍鏡 *Cold Platter*
共度愛河（金銀壽司卷）*Assorted Sushi Roll*
登科紅袍（大蝦沙律）*King prawn Salad*

湯 *Soup*
金銀滿屋（甘筍忌廉湯）*Cream of Carrot Soup*
遊龍戲鳳（金沙海皇羹）*Dried Scallops & Seafood Thick Soup*

熱盤 *Hot Dish*
鳳至吉祥（香煎雞扒）*Grilled Chicken*
酒紅人旺氣衝天（法國紅酒燜牛利）*Stewed OX-Tongue w/Red Wine*
珠聯璧合（荷蘭甜紅椒豬扒）*Pork Chop w/Bell Pepper*
朝朝得志（黑椒香草焗牛柳）*Baked Tenderloin w/Black Pepper & Herbs*
兒孫滿堂（扣味三杯鴨）*Braised Duck w/Home Made Sauce*
花枝招展（魚香花枝片）*Cuttlefish w/Sichan Style*
朋齊賀喜（咖喱什菜）*Curry Vegetable*
年年如意（吞拿魚白汁燴意粉）*Stewed Spaghetti w/Tuna Fish Cream Sauce*
金玉滿堂（瑤柱菜粒炒飯）*Fried Rice w/Dried Scallops & Diced Vegetables*

甜品 *Dessert*
清玉潔（農場豆腐花）*Farm Soft Bean Curd Pudding*
鴻福齊天（椰汁紅豆糕）*Coconut Cream & Red Bean Pudding*
永結同心（水果蛋糕）*Fruit Cake*
百年好合（蓮子百合紅豆沙）*Sweetened Mashed Red Bean Soup w/Lotus & Lily*
好事滾滾來（蓮蓉香麻球）*Deep-Fried Lotus Paste with Sesame*
甜甜蜜蜜（各式雪糕）*Assorted Ice-cream*
合時果盤 *Seasonal Fruit Platter*
咖啡及茶及果汁 *Coffee and Tea and Juice*
每位港幣 280 元
HK$280 per person

Hong Kong currency reference rate 1：1.05 港幣參考價為 1：1.05 計算

图 1-8 宴会菜单

五、航空菜单

相较一般餐饮业，航空公司依照飞行时间的长短及各航线旅客结构来设计菜单，特点如下：

（1）航空公司所提供的各式服务依照旅客支付票价多少决定，众所周知舱等的等级有头等舱、商务舱及经济舱，菜单的设计也会依照舱等设计头等舱、商务舱及经济舱三舱等级菜单。

（2）航空公司的旅客国籍不同，因此菜单设计时需针对飞行航线设计具有当地餐饮特点的菜单，如，飞往日本地区的航班有日式餐点（见图 1-9）；泰国地区有泰式料理。

菜单设计与成本分析

图 1-9　航空公司的日式餐点菜单

（3）针对有特别需求、宗教信仰及对象，航空公司除正常菜单外，还提供 21 种不同的菜单，旅客如需要航空公司提供如下 21 种餐点，需于起飞前 24 小时向航空公司预订。

1）亚洲素食（AVML）：此为最严格的素食餐，除不能含有奶、蛋原料外，亦不能含有葱、蒜。

2）婴儿餐（BBML）：适用于 24 个月以下的婴儿，按照婴儿成长需求提供两个阶段的成长奶品。第一阶段为 0~10 个月的全奶粉，第二阶段为 11~24 个月的奶粉，搭配蔬果或肉制泥状的副食品。

3）流质餐（BLML）：流质食品，提供给牙齿不好或消化性溃疡的旅客。

4）儿童餐（CHML）：提供给 2~12 岁的儿童乘客。

5）糖尿病餐（DBML）。

6）不含麸质（大麦、小麦、燕麦、黑麦）或面筋类餐点（GFML）。

7）回教餐（MOML）：不能使用猪肉及猪肉制品。

8）犹太餐（KSML）：按照犹太人的饮食内容，经过规定的处理及调制组合的盒装密封食品。服务时需先出示于旅客面前，经空服员加热后由乘客自行拆开食用。无须加热的产品亦需由旅客自行拆开。

018

9）高纤餐（HFML）。

10）印度餐（HNML）：餐点不能含有牛肉及乳制品，且餐点多以印度香辛料调制。

11）海鲜餐（SFML）：主菜以海鲜为主。

12）低卡餐（LCML）。

13）低胆固醇、低脂餐（LFML）。

14）低蛋白质餐（LPML）。

15）低盐或无盐餐（LSML）。

16）无乳糖餐（NLML）。

17）痛风餐（PRML）。

18）无蛋奶成分的西式素食餐（VGML）。

19）西方素食餐（VLML）：可以含奶蛋成分的西式素食餐。

20）水果餐（FPML）：主菜以水果盘取代。

21）无花生成分的餐点（PFML）：因某些西方人体质关系，对花生将产生过敏反应，故搭机时会预订无花生成分的餐点。

六、节庆菜单

指餐饮业针对特别节日所设计的菜单，菜单内容有别于平常使用的菜单，如情人节、母亲节的菜单。特点如下：

（1）针对当日的节庆主题设计菜单，通常会一起搭配适当的佐餐酒及小礼品，如情人节附赠玫瑰花及巧克力。

（2）多以套餐方式设计菜单且为单一价格。

（3）因菜单经过特别设计且属于应景菜单，故定价较平常套餐高。

（4）可以设计节庆菜单的节日如下所列：

1 月：元旦、除夕、中国新年

2 月：情人节

3 月：妇女节、14 日白色情人节、复活节

4 月：复活节是在每年春分月圆后的第一个星期天、27 日秘书节

5 月：母亲节

6 月：谢师宴

7 月：中元普度

8 月：父亲节、七夕情人节

9 月：中秋节

10 月：31 日万圣节

11 月：最后的星期四为感恩节

12 月：平安夜、圣诞节、跨年餐

第三节　菜单的轮替与周期

为了避免顾客对于相同菜色产生厌倦，餐饮业者可以不需要一次就将主厨有能力制作的菜色全放在同一本菜单内，可以依照特定的周期陆续变换菜色，有系统地循环再使用，且此种方法称为"循环菜单"。大多数的团膳菜单都依此方法规划菜单。主厨拟定好有能力制作的菜色后，餐饮业者有系统地将这些菜肴依照特定周期陆续变换，循环且重复使用。

（1）菜单轮替的目的与重点。

1）简化采购与厨房制作工作。

2）使顾客感觉菜色多样及富变化。

3）减少储存项目，较易进行库存管理与盘点。

4）同一种食材避免同一天中重复出现。

5）设计菜单时可以使用当季新鲜食材，不仅降低采购成本，且营养价值及口味也相对较高。但也应注意对于季节与气候有影响的食材，以免市场供应不足所造成的断货或成本提高，如蔬果及海鲜。

6）遇到特殊节庆日时，需配合应景调整菜单内容。

7）循环周期：一般餐饮业可采用周、十日、双周、月或季来作为循环的周期。

（2）循环菜单的方法。

1）先决定循环天数，如采用月循环时的格式（见表 1-1）。

2）定出主菜。

表1-1　月循环的格式

周次＼星期	星期一	星期二	星期三	星期四	星期五	星期六	星期日
第一周 午餐	鸡	鱼	羊	猪	海鲜	羊	鸭
晚餐	猪	牛	海鲜	鸭	鸡	猪	鱼
第二周 午餐	鱼	羊	猪	鸡	牛	鸡	海鲜
晚餐	牛	海鲜	鸭	鱼	猪	羊	鸭
第三周 午餐	羊	猪	鸡	海鲜	鸡	鸭	鱼
晚餐	海鲜	鸭	鱼	猪	羊	海鲜	猪
第四周 午餐	鸡	鱼	牛	鸭	鱼	猪	羊
晚餐	猪	羊	海鲜	猪	鸡	牛	鸭

3）定出烹调方法（见表1-2）。

表1-2　烹调方法

周次＼星期	星期一	星期二	星期三	星期四	星期五	星期六	星期日
第一周 午餐	鸡（宫保）	鱼（清蒸）	羊（炒）	猪（炸排骨）	鱼（醋熘）	羊（焖）	鸭（烘）
晚餐	猪（京酱）	牛（红烧）	海鲜（茄汁）	鸭（烤）	牛（炖）	鸡（盐酥）	海鲜（烩）

4）定出菜色形状（见表1-3）。

表1-3　菜色形状

周次＼星期	星期一	星期二	星期三	星期四	星期五	星期六	星期日
第一周 午餐	鸡（宫保/丁状）	鱼（清蒸/整条状）	羊（炒/薄片状）	猪（炸排骨/厚片状）	鱼（醋熘/片状）	羊（焖/中块状）	鸭（烘/整块状）
晚餐	猪（京酱/丝状）	牛（红烧/块状）	海鲜（茄汁/大块状）	鸭（烤/整块状）	牛（炖/中块状）	鸡（盐酥/小块状）	海鲜（烩/大块状）

5）将上述1）~4）全部组合后修饰(见表1-4)。

表1-4　月循环菜单

周次＼星期	星期一	星期二	星期三	星期四	星期五	星期六	星期日
第一周 午餐	宫保鸡丁	清蒸鱼	炒羊肉	炸猪排	醋熘鱼片	羊肉炉	烘鸭
晚餐	京酱肉丝	红烧牛肉	茄汁海鲜	烤鸭	清炖牛肉	盐酥鸡	什锦烩海鲜

6）主菜定好后，配菜也依上述步骤列出。

第四节　菜单外观呈现方式

除了印刷成一本一本的菜单外，目前市场上也流行以下几种展现方式，来使菜单更有更换弹性或更易让顾客注目的机会。

（1）黑板：利用黑板记录菜色项目、品名、内容及价格，欲更改时，只要以板擦擦拭更改。此种展现方式，最适合简餐店、小咖啡店、个性小店……菜单项目少且内容简单的餐厅。除了使用黑板外，有些个性餐饮店，会用靠窗玻璃书写菜肴、饮品及价格，既是菜单也可当装潢，吸引顾客注意。

（2）看板：以固定看板方式列出所有菜色及价格，如麦当劳、肯德基等快餐店或路边摊位。

（3）立牌：以压克力立牌放入单张双面的菜单，放置于每个餐桌上。此种方式由于版面有限，通常餐厅的商业午餐、促销菜色或特别推荐会以此种方式展现吸引顾客注意。

（4）点菜单：路边摊或小吃店的点菜单不仅可以让客人点菜，上面也有菜色品项及价格，是最经济务实的菜单。

（5）餐垫纸：快餐店或火锅店会利用餐垫纸印上菜品及价格供顾客点选，既可当菜单亦可当餐垫纸。

（6）手绘：此种菜单较适用于供应以海鲜为主或者菜单设计是依据每日食材的市场供应状况而变化的餐厅。在日本，每日鱼的种类不同，主厨会依据当天食材用毛笔字与国画手绘菜单给每位客人，此法不仅可让顾客对于菜单内容有所期待，书写优美的菜单更是一个很好的纪念品可让顾客带走。

（7）电子菜单：以图表、跑马信息和数字相片组合的电子菜单，就像股市行情一样可以经常更新内容，是未来另类菜单的展现方式。

菜单知识

菜单小典故

最初，菜单并不是要为客人提供菜肴内容而制作的，而是厨师为了制作菜肴时而写的备忘单，即为英文的"menu"。1594年英国布伦斯维克（Brunswick）侯爵在私人宅第举行晚宴，每送上一道菜，侯爵都要看看桌上的单子，当客人们知道他看的是今天的菜单时，十分欣赏这种创举。之后，大家争相仿效，凡在举行宴会时，都要预先制作菜单，到此时"菜单"便真正出现了。

温故知新 **习题与讨论**

1. 定义菜单并指出菜单对餐饮业的重要性。

2. 指出常见菜单的类型及其特点。

3. 常见的菜单轮替方法与重点是什么。

实作练习 **菜单制作**

大明想开一家复合式餐厅，大明如何为餐厅设计菜单，请同学为大明完成。

1. 大明餐厅的名字：_____

2. 餐厅经营方向：_____

3. 菜单类型：_____

笔记栏

笔记栏

第二章 菜单的结构与必要品项

本章学习目标

1. 了解中西式菜单的结构与菜单内的项目。

2. 认识中西式菜单的设计原则及上菜习惯。

3. 了解饮料单的重要性与制作原则。

4. 了解酒单制作重点。

餐饮业不管使用任何类型、外观呈现及尺寸的菜单，都必须将菜单品项按照相同属性与饮食顺序予以分类。分类可使顾客有系统地了解菜单品项，节省点菜时间，再则借由编排技巧可导引顾客点选餐厅获利较高或独具特色的菜肴，有系统的归类也可避免顾客点菜时重复点选相同类型、烹调方法或食材的问题，这种归类的方法就是菜单的结构。中、西餐因为饮食习惯不同，菜单会有不同的结构。

第一节 中式菜单结构

一般而言，中式菜单可区分为小吃、合菜及酒席菜单三种。

（1）小吃：亦即单点的菜肴，菜单结构如下：

1）冷盘：亦可称为拼盘或开胃菜，因为一般皆为凉菜，多由两种以上的品项组合成盘且有开胃佐酒的功用。

2）主菜：依照食材再细分为鸡、鸭、猪、牛、羊、海鲜类。

3）汤。

4）蔬菜。

5）主食：一般来说，中国人的主食以面、饭、米粉及点心为主。其中，点心包含糕、饺、包（如银丝卷、萝卜糕、蒸饺、小笼包……）等。

6）甜点、饮料。

7）其他：小菜。

（2）合菜：为中式套餐菜单形式，菜单内的菜肴是固定的、有一定的上菜顺序且一个价格涵盖所有品项，如果客人需要更换菜单内的菜肴，有时需支付差价。通常中餐厅会依据用餐人数设计整套菜单，提供给顾客除了单点以外的另一种选择，例如三人、四人、五人或六人合菜（见图2-1），合菜菜单结构如下：

1）拼盘：亦可称为头盘或开胃菜，与小吃菜单一样，皆为凉菜，多为两种以上的品项组合成盘且有开胃佐酒的功用。

2）热炒。

3）主菜：会依照用餐人数设计数种主菜。

4）汤。

5）主食。

6）甜点、水果。

（3）酒席菜单：中式酒席菜单就是我们一般所知的宴席菜单，此种菜单制定规则如同上述合菜菜单，但人数则以1桌10~12人的分量来设计菜单。每桌提供12~14道菜肴。常用的结婚菜单即属于此种菜单（见图2-2）。菜单结构如下：

1）拼盘：与合菜一样，因为是第一道菜（头盘），通常宴会主人将最有价值的品项（如龙虾、鲍鱼、生鱼片……）以组合方式，设计成拼盘呈现给客人，以展现主人请客的心意与排场。

2）热炒：热菜肴。

3）主食：一般常见的主菜包含鸡、猪、海鲜为主的3~4种主菜，也是宴席主要的部分。

4）甜菜：甜菜在宴席菜单是不可缺少的品项，最好能利口解腻。一般常使用的是以饼、酥、蜜汁、拔丝或甜汤……烹调方法制作，如枣泥锅饼、拔丝苹果、莲子百合糖水及婚宴中常见的炸汤圆皆属于甜菜。

5）汤。

6）蔬菜。

7）水果。

縱橫天下 (A) NT3,900元

海鮮涼拌
烤牛肉涼拌
泰式炒空心菜
香炸蝦餅
泰式酸辣魚
海炒羅漢雞
綜合海鮮湯
咖哩牛肉
沙爹COCA雞
明蝦粉絲煲
扣湖炒菌肉
白飯 6碗

豪情四海 (A) NT2,000元

烤牛肉涼拌
泰式炒空心菜
香炸蝦餅
清蒸檸檬魚
咖哩牛肉
香燜COCA雞
綜合丸子湯
白飯 4碗

图2-1 4人、6人合菜菜单

棕櫚島
中式婚宴菜單（I）
Palm Island Resort
Special Chinese Wedding Set Menu (I)

錦繡滿華堂（乳豬大拼盤）
Barbecued Suckling Pig Combination
才子配佳人（夏果西芹炒蝦仁）
Sauteed Shredded Shrimps with Celery
甜蜜展花姿（蜜糖豆炒花枝片）
Sauteed Cuttlefish with Honey Bean
玉樹顯風華（北菇扒蹄筋）
Braised Sinew with Northern Mushroom
喜慶齊祝賀（竹笙海皇翅）
Braised Shark's Fin with Bamboo Pith
翡翠聚寶盆（雙菇扒時蔬）
Braised Straw Mushrooms & Black Mushrooms with Vegetable
家財有盈餘（清蒸海青班）
Steamed Fresh Green Garoupa
金鳳來賀喜（脆皮吊炸雞）
Deepfried Crispy Chicken
金玉滿堂（粟米蔬菜粒炒飯）
Fried Rice with Sweet Corn & Diced Vegetable
幸福綿長（干燒伊麵）
Braised E-FU Noodle
百年好合（蓮子百合糖水）
Sweetened Red Bean Cream with Lotus Seeds
永結同心（美點雙輝）
Chinese Petite Fours

供 10-12 位用每席港幣 3,988 元
HK$3,988 net per table for 10-12 persons

Hong Kong currency reference rate 1 : 1.05

港幣參考價為 1 : 1.05 計算

图 2-2　婚宴菜单

第二节 中式菜单的设计原则及上菜习惯

一、中式菜单的设计原则

中国菜非常强调色、香、味俱佳。这既是一道菜的标准，也是一席菜的标准。

（1）色：指菜肴的颜色，是主要食材的本色与配料颜色的搭配，常会用一些青菜、西红柿、洋葱等衬托，以求达到较佳的视觉效果。

（2）香：指的是菜肴的香气及佐料或酱汁的气味。

（3）味：指的是菜肴的味道及口感，是菜肴的灵魂。它是菜肴的主料、调味料及烹饪方法结合的产物。

二、中国菜的上菜习惯

依照中国人的饮食习惯，基本的原则是先上冷盘，后上热菜，最后上甜食和水果。宴会桌数再多，各桌也要同时上菜。上菜的方式大体上有以下几种：一是把大盘菜端上，由各人自取。二是由服务人员托着菜盘逐一往每个人的盘中平均分配。三是用小碟盛放，每人一份。上菜顺序归纳如下：

（1）先冷后热。

（2）先菜肴后糕点。

（3）先炒后烧。

（4）先咸后甜。

（5）先清淡再浓烈。

（6）好的菜肴要先上，普通的后上。

（7）先多的后少的。

（8）先油腻的后清淡的。

三、中国菜的用餐礼仪

因中国地域辽阔，礼仪繁多而又不同，但有些用餐礼仪还是通用的。

（1）主人长辈先食。

（2）不可伏碗吃饭，应端碗吃饭。

（3）使用汤匙饮汤，不举碗喝汤，也不能低头不拿碗直接抿汤而饮。不用筷子搅拌热汤。

（4）如果盘中的菜已不多，你又想把它清理干净，应征询同桌人的意见。

（5）不狼吞虎咽，不用舌头舔食餐具。

（6）吐出的骨头、鱼刺等饭渣，应放到指定的地方。如果要咳嗽、打喷嚏，要用手或手帕捂住嘴，并把头向后方转。

（7）如果有长辈，应先请长辈夹菜或帮长辈斟酒。

（8）筷子不可对夹，如果用餐时一双筷子因为夹菜而夹到另一双筷子称为筷子打架。这是非常不礼貌的事情。

（9）用餐时如果餐具掉落到地上而损坏，比如打碎了碗，是非常不好的。有些地方新年打碎餐具有说"岁岁平安"的习惯。

（10）任何餐具反扣的行为被视为不礼貌。例如碗或酒器。

（11）等上菜时，不可以用筷子互相敲打或者拿筷子敲打餐具。

（12）夹菜的时候要注意，想吃什么最好一次夹走。不可以用筷子在盘中乱翻。如果多人入席，桌子很大，又不是旋转桌子，菜离你比较远时，最好不要唐突地站起来去夹食，相反的，如果观察到其他人想吃自己身边的菜，可以站起来帮助对方，以符合礼节。

第三节　西式菜单的结构与安排习惯

一、西式菜单结构

依照传统的西式餐点用餐习惯，菜单的结构可分为开胃菜、汤、沙拉、主菜、甜点、水果、饮料及其他类，以下将分别说明每一个品项的重点。

（1）开胃菜：西式的开胃菜，顾名思义，就是在正式主菜之前，所提供的第一道作为开胃用途的菜肴，可以是冷菜或是热菜。通常主厨的设计会着重在口味能够激发味蕾，让舌头可以更敏锐地捕捉到之后菜肴的味道。大部分的西方人也会在主菜上来前先喝点小酒社交助兴，故开胃菜的设计也必须考虑到口感可以搭配酒类饮用。因此开胃菜的口味不能太过强烈以免破坏味觉。

（2）汤：一般而言，西式的汤品可以分为清汤、浓汤及地区性的特制汤品。通常不管清汤或浓汤，常见的材料会有蔬菜、肉类或海鲜做搭配。如果汤品的种类不够丰富时，有些餐饮业者会将汤品与开胃菜列为同一个项目。另外在服务浓汤时，常会提供咸饼干当作配料。

（3）沙拉：中国台湾地区大部分的西餐厅都会将沙拉安排在主菜之前，但在欧式或较精致的西餐厅（fine dining restaurant），沙拉会在吃完主菜后提供，当作去油解腻、清除口腔的工具，具有让之后所上的甜点或起司可以更加美味的功能。在沙拉的设计上，多为生鲜蔬菜或水果搭配适合的沙拉酱汁。较为丰富的沙拉还会加入肉类及海鲜，可以起到让不想吃主菜或减肥的顾客取代主菜（entrée salad）的用途。

（4）主菜：在西式饮食中，主菜有冷主菜及热主菜两种，冷主菜类似上述的 entrée salad，菜肴内有丰富的蔬果搭配肉类、海鲜、蛋或起司。热主菜则和中式菜单一样会区分为牛、羊、猪、家禽类（poultry；鸡、鸭、鹅或火鸡都是西式常有的主菜）、鱼或海鲜及海陆合并的热主菜。

（5）甜点、水果：甜点及水果可以分别提供，但在西餐中，有些主厨会将甜点与水果一起搭配设计，让内容更为丰富及美观。另外西式的冰品，如冰淇淋、冷冻优格（frozen yogurt）、雪酪（sherbet）亦为甜点的内容。除了冷甜点外，有些西式餐厅还会设计热甜点来增加甜点的丰富性，如热煎饼、烤布丁、巧克力火锅。

（6）饮料：可区分为热饮及冷饮，相较于菜肴，不论是在人工、材料准备、保存或获利上，饮料在制备上都比菜肴容易，且是让餐饮业获利较多的明星产品。其重点将在第4节专节讨论。

（7）其他：西式菜单除以上六类外，有些餐饮业者还会提供三明治、副菜、起司或淀粉类提供给顾客更多选择。以下将分别说明每一个品项的重点：

1）三明治：愈来愈多西式餐厅会将三明治放入菜单中，因为制作简便，内容可常变化，且符合现代人要量少质精、又要快速的生活形态。三明治的设计可为冷、热两种，食材包含蔬果、各式肉类及海鲜。

2）副菜：此项目为菜单的杂项，通常业者会将无法归类、特殊又可获利的品项放在此类中，如特殊做法的蔬菜或淀粉类菜肴，如炖菜、地瓜泥（mashed sweet potato）或玉米饼（corn fritters）……。

3）起司：在正统欧式或较精致的餐厅（fine dining），都会提供起司类在菜单中，服务方式可以为单品或三四类起司做组合，但不管是单品或组合，起司盘在设计时，通常都会搭配新鲜水果、干果及坚果类，如苹果、葡萄、杏桃干、核桃。西方人甚至会将起司当成饭前开胃菜搭配香槟、葡萄酒，或饭后点心搭配甜酒一起食用。

4）淀粉类（starch）：对于西方人而言，不像我们东方人以米饭为主，他们的淀粉类以马铃薯、面（pasta）、面包为主。

二、西式菜单的安排习惯

依照西餐用餐习惯及上菜顺序，西式菜单的安排可归纳为以下四个重点：

（1）先清淡后油腻。

（2）先口味轻后口味重。

（3）先冷后热。

（4）所有菜肴结束后，才会上甜点。

第四节　菜单必要品项

餐饮业通过菜单来让顾客清楚明白自己商品的种类与特色，以及顾客必须支付多少价钱来获得产品及相对的附加服务。因此，一份完整正确的菜单必须包含以下项目，才能使顾客在最短的时间内做出正确的选择。

一、封面

当顾客在拿到菜单时，第一眼看到的便是菜单的封面，因此封面的呈现与设计代表的即是餐厅给顾客的风格与等级。一本经过精心设计的封面，就可以先让顾客留下深刻印象。通常餐饮业者会利用封面来呈现餐厅的经营主题（如中、西、日等异国风味……），封面的图案与颜色则包含餐厅的企业标志（logo）且需与餐厅的装潢、气氛及用色相互对应与协调。封面可分为前封面与后封面，前后封面的必要内容如下：

（1）前封面：餐厅店名与企业标志（logo）或设计图样（见图2-3）。

（2）后封面：地址、电话、营业时间及其他信息，如接受的信用卡种类等。

除了视觉设计及提供信息外，更重要的是封面的材质必须耐用、耐脏、防油污及防水，否则在每天数回使用下，菜单很快就会破损老旧，让顾客产生不良印象。第三章在用纸及美工设计上将有更深入的讨论。

二、内页

翻开封面后，便进入菜单的核心内容，除了依照第一节与第二节中西菜单的结构安排菜肴外，以下为菜单必须要列出的项目：

（1）菜名：菜肴名称除了好听易懂外，菜名必须正确真实，千万不能有误导消费者的嫌疑，以免顾客在点选后与实际上菜时产生落差，造成不满。也应避免用一些不符实际或过分艰深难懂的菜名，令顾客无所适从。最好是以浅显易懂的文字，时下太过的流行语也应尽量少用，因为这些流行语的时效期通常都很短。当然在特别主题或节庆时的菜单，如婚宴或年菜菜单，则会应景以吉祥话命名，如五福临门、龙凤呈祥等。如使用外文菜单时，请避免拼写错误，以免让顾客感到餐厅专业度不足。

（2）叙述文字：如果在菜名上无法完整表达菜肴的重点、太过专业的名称或特别的烹调方法、配料或酱汁，通常餐饮业者会在菜名之下放入一小段叙述性的文字说明，好让顾客更清楚菜肴的内容或价值。尤其是西式菜单或异国风味菜较为国人所陌生，常会有叙述性的说明文字和菜名相辅相成。以下为常出现在叙述文字内的项目：

1）烹调方法：说明菜肴的制作方法，如焗、烤、烘、炸、烧、炖等。

2）配菜、佐料或酱汁：包含菜肴中所附的配菜、香辛料或酱汁等材料。

图 2-3 菜单封面展示餐厅精致设计的企业标志（logo）

3）产地：正确叙述主材料的产地，如美国或澳洲牛肉、加拿大鲑鱼。对于某些食材而言，产地会直接影响价格及品质，如菜单标示松板牛肉，表示牛肉为日本的和牛，和牛相较于其他产地的牛肉售价较高，故菜单定价可以相对提高，当然消费者可以接受支付较高的价格。

4）分量：明确说明大、中、小分量或重量（如 12 盎司牛排）。

5）等级与品质：正确叙述材料的等级与品质，如菲力牛排代表的是牛肉的部位与等级，明虾或龙虾就不能用一般小虾替代。

（3）价格：每道菜肴的价格必须清楚标示在菜单上，如有大小分量不同时，也应分开标示价格。如此可以让顾客事先知道，必须支付多少费用得到什么内容与分量的菜肴，同时也可以考虑自己的经费来决定点选多少品项。唯一例外的是宴会用菜单，因为此种菜单是主人事先与餐厅协议安排好，不需标示价格给用餐的宾客，以免产生不礼貌的行为。另外菜单价格必须避免涂改，以免让消费者产生价格不实的感觉。菜单的定价策略将于第七章深入探讨。

（4）推荐或促销：既然菜单是餐厅的自我介绍，用来展现产品特色、传递重要的购买信息给顾客，当然应该放入餐厅要特别推荐或促销的菜肴，好引导客人特别点选。通常餐厅会将以下菜肴特别推荐或促销。

1）主厨推荐：如主厨的拿手好菜或餐厅与众不同的菜肴。

2）特别促销菜肴：如低成本高利润的菜肴、季节限定、限时限量、特殊主题菜肴。

在第三章菜单的编排、印制与视觉设计中，将会介绍如何利用编排与印刷技巧来引导顾客特别注意以上餐厅的推荐与促销菜肴。

3）饮料单：对于目前多数餐饮业而言，因为饮料较菜肴容易准备与制作，且节省材料、人力与时间，因此成本相对较低，获利空间也较菜肴高，因此现在餐饮业愈来愈重视饮料的提供，甚至另辟饮料吧台区（lounge、bar）来促进消费。以饮品为主题性的餐厅也成为当前时尚。经过规划与设计的饮料单是促进销售的最佳工具，可为餐厅提高消费并增加额外收入，在第二章第五节将专节介绍饮料单的制作重点。

三、菜单内其他项目

除了以上的必要项目外，为了增加菜单的丰富性，还可以放入以下项目：

（1）前言：有些餐饮业者会在菜单翻开后的首页，放入餐厅的成立背景、经营理念、菜肴特色……或经营者、主厨想要告知消费者的信息（见图2-4）。

Preamble

On the menu today, we make use of the bounty from the land, sky
and the vast oceans of our earth.

A marriage of these bounties when put together by caring hands provides
good tasting and appealing food.

We now take food from many countries to form an alliance of taste, smell and sight.
Never before has food been so vibrant, spices from around the world are pulled
together to form tasteful dishes prepared by our chefs.

Relax and enjoy,
Fine wine makes the marriage complete.

Executive Chef, China Airlines

❖　　❖　　❖

柴米油鹽醬醋茶；荳蔻、紫蘇、蕃紅花，
它賦予了每一道餐點獨有的特色。

我們深信取用原生產地的烹調材料，那怕它是在距離我們多遙遠的深海裡、
多高的天空、或是遙不可及的國家，
都有機會被納入頭等艙的精選菜單中。

完美的整飾及可口的食物，是來自於世界各地烹調材料的結合。

烹飪是一門藝術，
藉由今日的菜單，可以感受到食物的鮮明色彩，
品嚐到可口的空中美食。

請盡情的享受由我所為您精心設計的每一道主菜；
葡萄酒將是搭配您主菜的最完美組合。

××航空行政總主廚 麥肯希

图2-4　主厨传递设计菜肴理念予消费者

（2）儿童菜单（见图2-5）。

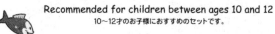

© DISNEY

RESTAURANT SAKURA **KIDS'**

STEAMBOAT SET
スチームボート・セット

Recommended for children between ages 10 and 12
10〜12才のお子様におすすめのセットです。

Small Savory Custard with Crabmeat
ズワイガニのちゃわん蒸し

Entree Plate
Deep-Fried Meat and Shrimp Skewers, Teriyaki Chicken,
Fried Eggplant, Grilled Scallop, Potato Salad, and Cherry Tomatoes

アントレプレート
肉と海老の串揚げ、鶏の照り焼き、揚げナス、ホタテ貝、ポテトサラダ、ミニトマト

Sushi Rice in Omelet topped with Shrimp
海老と玉子のふくさ寿司

Fruit Cocktail
フルーツポンチ

￥ 1,680

SPECIAL DIETARY MENU
低アレルゲンメニュー

Entree Plate
Beef-Pork Patty with Grated Daikon,
Grilled Scallop and Eggplant, Shrimp, Broccoli, Cauliflower,
Potatoes, Cherry Tomatoes, Rice Balls, and Seasonal Fruit

アントレプレート
おろしハンバーグ、ホタテ貝とナスのグリル、海老、ブロッコリー
カリフラワー、ポテト、ミニトマト、おにぎり、季節のフルーツ

￥ 1,050

Things taste even better when you eat
みんなで食べるごはんはおいしいぞ。いっぱい

图2-5　可爱的儿童菜单吸引小朋友

MENU

RESTAURANT SAKURA

TUGBOAT SET
タグボート・セット

Recommended for children age 9 or younger
9才以下のお子様におすすめのセットです。

Entree Plate
Tofu-Chicken Patty with Grated Daikon, Fried Chicken, Fried Prawn,
Potato Salad, Cherry Tomatoes, Rice Balls, and Seasonal Fruit

アントレプレート
豆腐ハンバーグ、鶏の唐揚げ、海老フライ、ポテトサラダ、ミニトマト
おにぎり、季節のフルーツ

¥ 1,050

This menu uses ingredients that do not contain the five major allergens
(wheat, buckwheat, eggs, dairy products, and peanuts).
Please see a Cast Member for details.

* Verification of the ingredients was provided by the producers of the ingredients
used to prepare this meal.

* Your order will be prepared in the same kitchen as other menu items.
For this reason, it is possible that some traces of allergens may become mixed
into the meal during preparation.

* Taking the information above into consideration, it is up to you to make the final
judgement when ordering this meal.

* This menu may take a little longer to be served. Thank you for your patience.

5大アレルゲン（小麦、そば、卵、乳、落花生）を原材料に使用していないメニューです。
詳しくはキャストにおたずねください。

※ 使用食材については、製造元からの情報をもとに確認しています。

※ 他のメニューと同一の厨房で調理しているため、加工または調理の過程において、アレルギー物質が微量に
混入する可能性があります。

※ ご注文にあたっては、上記をご勘案の上、お客様による最終的なご判断をお願いします。

※ ご提供まで多少お待ちいただくことがあります。あらかじめご了承ください。

together! Have fun and eat up!

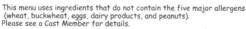
遊んで、たくさん食べていっておくれよ。

Charlie Tanaka

图 2-5 可爱的儿童菜单吸引小朋友（续）

（3）素食菜单。

（4）销售排行榜：帮助顾客快速了解菜单内哪些菜肴是较受顾客欢迎的。

（5）消夜菜单。

（6）午茶菜单。

（7）今日特餐。

（8）商业午餐。

（9）最低消费：如果有最低消费规定，建议于菜单上标示，让顾客事先知道。

第五节 **饮料单的制作**

一、饮料单的重要性

现在的餐饮业愈来愈重视饮料的提供，因为消费者增加饮料的点选，就会成为餐厅的额外收入。其重要性有以下六点：

（1）饮料较菜肴容易准备与制作，可以买现成的罐装或瓶装饮料，无须像菜肴需再经过制备，节省人力与时间。

（2）吧台技术较厨房低，人员较厨师易训练，人力费用也较低。

（3）材料较菜肴简单、储存容易，保存期限较长。

（4）饮料成为社交时重要工具，故消费者愈来愈重视饮料的点选。

（5）专业饮料调制人员（bartender）较主厨易遴选。

（6）节省材料、人力、库存与制作的时间成本，于是获利率较菜肴高。

二、饮料单的分类方法

以下为餐饮业常见的饮料单分类方法：

（1）依照有无酒精成分：分成酒精或非酒精性饮料。

（2）按照饮用温度：分成热饮或冷饮。

（3）依据饮用时机：分成餐前开胃酒、佐餐酒、餐后酒。

（4）餐厅特调或现成饮品。

（5）有无气泡成分：气泡及非气泡饮料。

三、饮料单的内容

具体的内容如下所列：

（1）酒精性饮料：酒是各种含有酒精性饮料的通称。酒精（乙醇）是由水果或谷类经酵母发酵而制成。依照酒精含量的多少和制造方法的不同，大致分为三类：

1）啤酒类：由麦芽发酵所制成，通常含有3%~6%的酒精浓度，麦酒、黑啤酒属于不同口味的啤酒。

2）酿造酒：由谷类或水果经酵母发酵及成熟而制成。通常含有12%~14%的酒精浓度，亦有添加额外的酒精，使其达到18%~20%的酒精浓度，如绍兴酒、花雕酒、米酒及各种水果酒。

3）蒸馏酒：是由酿造酒再经蒸馏及储存成熟而制成，通常含有40%~50%的酒精浓度，如高粱酒、茅台酒、白兰地、威士忌酒……

（2）常见的开胃酒：香槟、鸡尾酒、特调、琴酒、龙舌兰、兰姆酒。

（3）常用的佐餐酒：葡萄酒、玫瑰酒。

（4）较受欢迎的餐后酒：甜酒、雪莉酒、波特酒、利口酒。

（5）其他酒类：鸡尾酒、特调酒（见图2-6）。

（6）非酒精性饮料：包含热饮及冷饮。

1）热饮：咖啡类、茶类、巧克力。

2）冷饮：如以下五类：

• 气泡矿泉水、一般矿泉水。

• 果汁。

• 可乐、汽水、苏打水。

• 乳品：牛奶、调味乳、优酪乳。

• 咖啡类、茶类。

图 2-6　餐厅特调酒

四、酒单制作重点

以下为酒单制作时需注意的重点：

（1）葡萄酒单（wine list）：饮用葡萄酒俨然已蔚为风尚，如果餐厅供应多款葡萄酒时，大部分的餐厅都会将葡萄酒单与其他饮料单分开制作。

（2）酒标：酒单需清楚标示产地、年份及酒庄。

（3）多样性：酒单涵盖各出名产区及颜色（白色、红色、玫瑰色）。

（4）计价方式：以单杯或整瓶计价，计算方法将于第七章计算定价与成本关系中介绍。

（5）内容：调酒或鸡尾酒需标示基酒与副酒的种类。

（6）口感：所选择的酒类需包含涩度、甜度（dry，medium，sweet）的口感。

（7）搭配的餐点：设计酒单时需考虑菜单内可供搭配的菜肴，美酒佳肴相辅相成。

菜单知识

佐酒小点　Canapé

通常在西式菜单上虽然不会列出佐酒小点这个品项，但在正式的西餐里有开胃酒（aperitif），当然也有开胃小点（canapé），因为对于西方人而言，饭前的社交是非常重要，而社交的主角便是喝点小酒以便打开话匣子，但考量不宜空腹饮酒的状况下，产生了佐酒小点（canapé）。常见的canapé，是利用饼干或吐司面包加上鹅肝酱、鱼子酱或起司……做成的小点心。

温故知新　习题与讨论

1. 指出中西菜单的结构是什么。

2. 指出中西菜单的上菜与安排习惯。

3. 菜单需放入哪些必要项目？

4. 指出饮料单对餐饮业的重要性。

5. 饮料单有哪些分类方法与制作重点？

实作练习 菜单制作

1. 大明餐厅的菜单前后封面要放哪些信息：_____

2. 大明餐厅的菜单前言：_____

3. 大明餐厅的菜单要如何分类：_____

4. 承上题，菜单的品项/菜名/叙述文字/价格/照片：_____

5. 菜单的推荐或促销项目：_____

6. 菜单的其他项目：_____

7. 大明餐厅的饮料单要如何分类：_____

8. 承上题，饮料单的品项/饮料名称/介绍文字/酒标/价格：_____

笔记栏

笔记栏

第三章 菜单的编排、美工与色彩设计

本章学习目标

1. 菜单编排的种类。

2. 美工设计。

3. 颜色的规范。

菜单或菜卡（menu card）是一种有形的呈现方式，更是获利及双向沟通或变化的媒介。一般而言，顾客会于不同的餐饮经营形态浏览不同类型的菜单，利用约 2~3 分钟的时间思考消费品项、如何降低消费金额或放弃此次的消费行为。菜单设计（menu design）的优劣，将决定消费的行为及餐厅获利的渠道。

近年，M 型社会形态及特色餐厅发展更趋成熟，经济景气循环上下震荡，顾客以往消费的模式及菜单呈现方式均须适度修正，设计师与餐厅经营者在设计菜卡时更需考量印刷成本及依不同的餐饮形态来规划呈现。本章除介绍菜单设计编排时需注意的规划通则外，还介绍了近年（2006~2009 年）又因各国社会及餐饮形态发展的变迁，新时代的菜单也逐渐发展成型。

第一节 菜单的编排

餐厅业者规划菜单设计（menu design）时，应特别注意何种产品是需要被推广及吸引顾客的目光，所以编排技巧格外地重要。然而餐厅营收及获利的诀窍，就在于使用菜单的形式及运用不同的编排方式，顾客可以因为菜单的编排方式，愿意用较多的时间去阅读、了解，再行点餐，所以若要将菜单内的"目光焦点"（focus points）转化为产品销售量，菜单的编排就显得格外地重要。

餐饮业界最常用的菜单编排配置格式有三："单页、对折及三折"为其主流的编排格式，其编排技巧及如何将目光焦点（focus points）排列其中，说明如下：

（1）单页（single-page）：在菜单中较上的位置，因使用不同的字体、字形及大小，能够马上吸引顾客的"目光焦点"，进而阅读及了解该区块早餐的内容及价格。顾客目光移动的顺序以"目光焦点"为中心往上阅读，再往下浏览（见图3-1）。

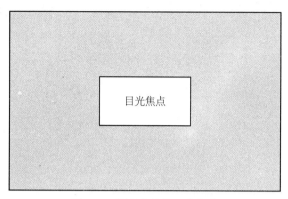

图3-1　单页菜单的目光焦点

（2）对折（two-panel）：翻开对折菜单后的"目光焦点"会在右上半边的位置。顾客目光移动的顺序以"目光焦点"为中心以反时针方向旋转为阅读方向（见图3-2）。

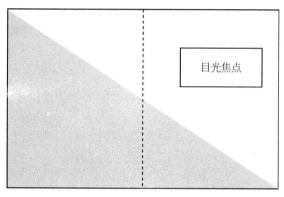

图3-2　双页（对折）菜单的目光焦点

（3）三折（three-panel）：三折菜单的目光焦点与单页菜单相同，为翻开后中页的中上位置。但目光移动的顺序与对折菜单相仿，以"目光焦点"为中心会以反时针方向旋转为阅读的顺序方向（见图3-3）。

以澳洲"I am Angus"餐厅的三折菜单为范例（见图3-3），翻开后的"目光焦点"为菜单中最重要的主菜（entrées）位置，其中又以两种不同颜色的色框来吸引消费者的注意。

除上述一般业界最常使用的三种菜单格式及编辑方式外，近年网络发达，交通运输的便利及餐饮文化间的交流日益频繁，大家对各国餐点的认识及知识也大幅增加。菜单的

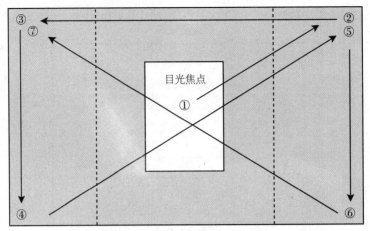

图 3-3　三页（双折）菜单的目光焦点

编辑也朝向多元化发展，最明显的变化为大量使用图片及餐点依种类来归类，各种餐饮营业形态与菜单的呈现，将于本书第六章详细说明。

第二节　菜单的美工设计

菜单最主要的功能是将欲销售的餐点借由美工及文字的设计传递出去，但因消费族群及需求的不同，菜单的设计也需因不同的经营形态加以变化。饭店内的正式餐厅所提供的菜单在美工设计的概念上会较一般市场上的餐厅具水准。

以澳洲知名"Nick's，Seafood Restaurant"餐厅菜单（见图 3-4）为例，分别说明如下：

（1）该餐厅菜单采用 250 磅的铜西卡纸，外加 Coating。

（2）菜单内菜的分类，如 cocktail、entrées 等标题采用 Frutiger LTStd-BoldCn 字体；字体大小为 25 级数。

（3）entrées 下每一道菜的菜名，如 Sydney Rock Oyster 则 εocktails 采用 Frutiger LTStd-LightCn 字体；字体大小为 11.5 级数。

（4）每一道菜下的说明，如 cocktail sauce 采用 Frutiger LTStd-LightCn 字体；字体大小为 8.5 级数。

（5）在 focus point 的蓝色框内，采用非常醒目的反白字体来凸显重要的餐点。主要菜

cocktails

Cockle Bay	$14.00	Winter Lychee		$14.00
Midori, Vodka, Malibu, Orange Juice and Pineapple Juice		Lychee Liqueur, Peach Schnapps, Malibu and Honey		
		Tropical Berries		$14.00
Frangelico Sour	$14.00	Chambord, White Rum, Fresh Lime and Strawberries		
Frangelico, Fresh Lime, Sugar and Crushed Ice				
		Baja Mojito		$14.00
Cloud Nine	$14.00	Rum, Lychee Liqueur, Passionfruit, Fresh Lime and Mint		
Kahlua, Baileys, Strawberry Liqueur and Cream with Chocolate Sauce and Strawberry Garnish		Caipiroska		$14.00
		Vodka, Fresh Lime, Sugar and Crushed Ice		
Classic Cocktails	$14.00	Mocktail		$ 9.50
Fruit Daiquiri, Margarita, Martini, Bloody Mary, Mai Tai, Please ask your Waiter		Fruit or Cream based		

entrées

Sydney Rock Oysters -- Shucked to order	1/2 dozen	$22.00	Chargrilled Baby Octopus	$19.50
	dozen	$40.00	On a Bed of Baby Cress with Pineapple, Mango Salsa and Ginger Sauce	
Cocktail Sauce, Citrus Dipping Sauce and Fresh Bread				
			Fresh Mussels	$21.00
Florentine or Kilpatrick	1/2 dozen	$22.00	Tomato and Chilli or White Wine Cream Sauce served with Sliced Bread	
	dozen	$40.00		
Tasmanian Smoked Salmon		$18.50	Mezze Antipasto Plate	$19.00
Roasted Capsicum, Baby Endive Salad with Capers, Toasted Almonds and Mustard Dressing			Marinated Baby Octopus and Mediterranean Vegetables, Olives, Fetta, Smoked Salmon, Taramasalata and Sour Dough	
Fig and Persian Fetta Salad		$18.00	Salt and Pepper Calamari	$18.00
Semi Dried Cherry Tomatoes and Caramelised Balsamic			Whole Baby Calamari with Passionfruit Dressing	
			Cold Seafood Plate	$19.50
Crab Ravioli		$18.50	Freshly Shucked Oysters, King Prawn, Smoked Salmon, Mussels and Avocado	
Wilted Baby Spinach and Pernod Cream				
Sautéed King Prawns		$19.50	Seafood Chowder	$14.50
On a Bed of Snow Peas with Lemon Beurre Blanc				

NICK'S ENTRÉE PLATTER FOR TWO
~ $62.00 ~
Grilled Baby Octopus, Chargrilled King Prawns, Florentine and Kilpatrick Oysters

side orders

Steamed Vegetables	$ 9.50	Bread Roll	$ 1.80
Chips	$ 5.50	Sour Dough Bread Sliced	$ 1.80
Greek Salad	$12.00	Herb Bread	$ 3.80
Garden Salad	$ 9.50	Garlic Bread	$ 3.80
Caesar Salad	$12.50		

children's menu

CHILDREN'S MENU – Under 12 years	$13.50
Calamari and Chips or Fish and Chips or Chicken and Chips, Soft Drink, Vanilla Ice Cream with either Chocolate or Raspberry Sauce	

All prices are inclusive of the current Goods and Services Tax (GST). Weekend & Public Holiday surcharge 10%.

图 3-4 澳洲海鲜餐厅的菜单

名 "NICK'S ENTRÉE PLATTER FOR TWO" 使用 11.5 级数的 Frutiger LTStd–BoldCn 字粗体，配菜采用 8.5 级数 Frutiger LTStd–BoldCn 字体。

菜单知识

字体（typeface）的标准

目前市面上有数百种不同的字体，新的字体不时出现，同时也会有其他的字体消失或已经不用，即便如此，中、英文字体大致归纳为下列五种类别：

英文字体的分类：

古典体：Oldstyle

现代体：**Modern**

方块衬线体：Slab serif

黑体：Sans serif

书写体：*Script*

装饰体：Decorative

中文字体的分类

明体字：細明體、中明體、粗明體、**特明體**、**超明體**

黑体字：細黑體、中黑體、**粗黑體**、**特黑體**、**超黑體**

圆体字：細圓體、中圓體、**粗圓體**、**特圓體**、**超圓體**

书写字：楷體、仿宋體、隸書、瘦金體

美工体：海報字體、扭扭體、水管體、竹子體

第三节 色彩的设定

一、颜色的规范

菜单上的图片除照相制版外，文字及 logo 均需以特定颜色来制版。颜色无法用一般的语言精准地表达及规范，例如红色就有"淡红、鲜红、砖红……"，所以我们常发现该批印刷的色彩或许与上批的颜色有色差，公司 logo 的颜色根本调不出来，这些问题都是因为当初设计时没有使用专业的配色系统。

目前业界有两种专业的配色系统来规范不同领域的颜色，一个是 Pantone，另一个是 CMYK。

（1）Pantone 配色系统（简称 PMS）：因同一颜色在不同纸面上效果有明显的差异，所以该系统是将 1100 多种不同的颜色先编码，同时印在不同的"光面铜版纸（coated）、非光面铜版纸（uncoated）及书纸（matte）"上编辑成册（俗称色票）供设计师参考使用，（见图 3-5）。

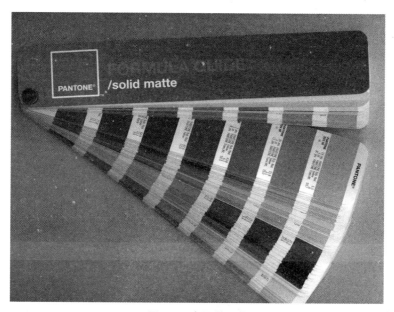

图 3-5　色票的图样

若挑 PMS665（深蓝色）光面铜版纸（coated）的色票交付印刷厂，印刷厂就必须依指定的纸张及色号油墨调制出与 PMS665 一致的颜色。

（2）CMYK 配色系统：CMYK 是利用绘图三原色（RGB）的"品红色、黄色和青色"再加入"黑色"而成，这四种颜色混合可形成各种复杂的颜色，这就是目前业界最常使用的四种标准颜色，其代号就是"CMYK"，各代表的颜色如下：

C 代表 Cyan = 青色；

M 代表 Magenta = 品红色；

Y 代表 Yellow = 黄色；

K 代表 Black = 黑色，为了避免与 RGB 的 Blue 蓝色混淆而改称 K。

若用科学的方法来说明"印章红 Seal Red"，那该颜色 CMYK 的准确代号就是（C：0%；M：100%；Y：70%；K：30%）（见图 3-6）。

早期绘图三原色（RGB）是以"Red 红、Green 绿、Blue 蓝"三个颜色的前缀所命的名。然而绘图的 RGB 与电视光源的 RGB 三原色混合会有不同的结果，绘图的 RGB 混合会产生灰色；然而电视光源的 RGB 则会产生白色。

在业界实务印刷时，这三种颜色的混合只会产生深灰色或深褐色（因为油墨中含有杂质的缘故），因为三种颜色的混合所以不易干燥，更不利于快速印刷；并且三层印刷需要非常精确的套印，若用黑色替代三层颜色可大幅节省成本，所以采取 CMYK 的配色方法也日趋重要。

但并非 CMYK 就没有缺点，Pantone 可调出于 CMYK 无法完整调配出来的特殊颜色，如企业识别色等。Pantone 与 CMYK 更有互补的作用，若公司 logo 原始设计并无 CMYK 代号，就可先以 Pantone 的色票来寻找最接近的颜色，再来确认 CMYK 的代号，如此日后公司 logo 的颜色无论哪次印刷均能维持一定的品质。

二、成本考量

一般大众化及常见的印刷方式为标准的四色（CMYK）印刷，颜色越丰富印刷成本也越高。若考量成本因素，单色印刷可满足预算的限制。如果菜单有用相片或其他特殊颜色（公司 logo 或其他专属颜色），则需独立制版，成本较高，但若印刷的数量达到开版的经济规模，菜单印制的单价会下降许多。

Midnight Blue
Process color screen percentages:
C 100%　M 90%　Y 0%　K 50%
R 0　G 18　B 93
Pantone 2757C

Violet
Process color screen percentages:
C 80%　M 60%　Y 0%　K 0%
R 62　G 98　B 173
Pantone 2726C

Morning Blue
Process color screen percentages:
C 40%　M 20%　Y 0%　K 0%
R 162　G 187　B 225
Pantone 2716C

Seal Red
Process color screen percentages:
C 0%　M 100%　Y 70%　K 30%
R 181　G 0　B 41
Pantone 187C

图 3-6　四种不同的颜色，所代表不同的号码

若需使用 Pantone 的特殊颜色，则一色为两色的价格。

温故知新 | 习题与讨论

1. 菜单编排的配置格式有哪三种？

2. 何谓 focus points？

3. 颜色的规范有哪两种？

4. 是什么美工设计及编排对菜单格外的重要？

实作练习 | 菜单制作

1. 大明餐厅菜单要用几页：_____

2. 根据上一题的决定，菜单的"目光焦点"规划在哪：_____

3. 菜单要用哪一种纸？用几磅的纸：_____

4. 菜单内菜的分类，要采用字体的规格（包含颜色、字体、大小级数）：_____

5. 菜单内每一道菜要采用什么字体的规格（包含颜色、字体、大小级数）：_____

笔记栏

笔记栏

第四章 菜单规划设计的流程

本章学习目标

1. 了解为何设计菜单时，目标顾客要最先考虑。

2. 了解目标市场的重要性。

当一个设计漂亮又高雅的菜单呈现于客人面前时，已决定了设计菜单规划者所赋予该餐厅的"餐饮形态及市场定位"。然而规划一套符合需求的菜单，需要考虑一系列的程序，显示菜单规划（menu planning）的设计基础，就是要满足客户的需求（见图4-1）。

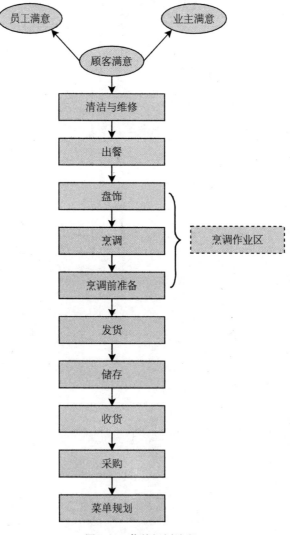

图4-1 菜单规划流程

第一节 目标顾客

广大的市场包含不同顾客的需求，无法满足所有人的需求，业者必须清楚地了解自己的客户群在哪，针对需求提供产品设计及服务，所以业者规划菜单时的首要目标除锁定目标客户外，对市场的需求面、产品的质量能否符合需求及期待、产品的价格能否被接受等三项因素也需重视及自我检验。

（1）市场需求面：业者想要推出的产品在目前市场接受度如何，有无相同或类似产品在市场上贩售，以及清楚地了解欲推出的产品目前在市场上的生命周期是属于哪一阶段：导入期（introduction）、成长期（growth）、成熟期（maturity）、衰退期（decline）还是属于回春期（rejuvenation），不同的阶段对不同的产品，必须有不同的战略思考及规划。

（2）产品质量的需求及期待：业者及主厨对于产品质量的把控要符合其所设定自我的市场定位，顾客对产品的期待也不能忽视。若产品的品质高于市场的需求，产品本身属于浪费；低于市场需求，顾客回访率低，甚至因口耳相传导致恶性循环，业绩难以再提升。

（3）产品价格的接受度：产品的定位与其定价要在消费者可接受的范围。但创新产品的价格需考虑何时会有后起之秀及会不会马上被超越或模仿；同质性产品需考虑周边市场的价格，再定出合理的售价方能维持市场竞争力。顾客可接受的价格，一定要考虑品牌效益、质量及维持口感一致性。

第二节 市场目标

一旦目标客户被锁定，就知道消费者的需求及产品形态；了解竞争对手的名单及位置，通过市场目标的设定就可以找到发展新产品的有利机会。顾客需要一个好的地点及价格来店消费；但是也有一些特例，若地点不那么方便，价格也不便宜，但产品有其独一无二的特质及同时享有特别的知名度，一样也有很好的发展。

近几年糕饼咖啡市场及冰品饮料市场在中国台湾地区蓬勃发展，为了集中资源可以针对一个或少数几个市场，依据 80/20 法则，80%之利润可能是由 20%的顾客所创造，集中"火力"，针对主要的小众市场（niche market）先进行发展。

第三节　菜单规划

不同餐饮形态有不同的规划，如咖啡厅、糕饼面包店、冰品饮料、餐厅、饭店等不同产业，但菜单设计唯一的共同点就是满足顾客的需求及业者能够获利。饭店或餐厅的业者要规划一套完整菜单，首要考虑的问题就是食材与原材料的取得及速度。

若菜单规划将龙虾规划于菜单上，且注明该龙虾来自"美国缅因州龙虾沙拉"（US Maine lobster Salad），那该龙虾必须来自美国的缅因州（State of Maine），所以规划前就要先考虑龙虾来源取得的便利性及可行性。

因龙虾属高单价产品，规划必须考量的因素为采购本地还是国外进口、需冷藏还是冷冻储存、有无季节性问题、卫生检验证明、下单的前置作业时间、最低订货量、购买价格、未来货源稳定性等因素。

规划菜单最重要的是必须达到降低成本及以增加获利为主要的目的，菜单规划者除设计菜单内容外，还需宏观地思考：服务人员的数量及服务方式、生财设备的适用性及其成本、菜单的样式、内容品项的多寡、食材成本高低，以上对于未来开店营运时所产生的费用、营收、获利及店内的评效均会产生连续性的影响。

第四节　营业及生产员工

餐厅营运成功与否，与其训练有素的前场（营业）及后场（生产）员工有绝对的关系。菜单规划者设计菜单时需考虑后场生产员工烹调的过程与程序，不因规划问题导致工作量无谓的增加，唯有流畅的烹调流程，生产员工才能将餐点的质量、卫生标准及成本维持一致。

生产员工的素质于设计菜单时亦需一并考虑，若设计菜单的菜肴需要相当程度的烹调，所需生产员工的素质也相对要高，可避免因素质良莠导致降低生产效率、危害食品卫生、增加食材成本及质量无法维持一定品质等。

一位训练有素的前场服务人员，应了解菜单上所提供各项菜肴的名称、特色、烹调方式、口味、重量及价格，并有效、快速及专业地回复顾客对菜单上的疑问。一对一亲切的应对更是前场人员服务的精髓。

第五节 生财机具

菜单设计与生财机具两者息息相关，需同时思考。菜单设计完成后，业者根据菜单内容要投入一笔资金购买相关生财机具，方能开始营业，下列因素需特别注意：

（1）产能多寡：购买前要了解每一个设备的最大产能能否符合实际需求。

（2）设备规格：设备规格繁琐，需先了解自己营业场所厨房的规划设计图，购买符合需求规格的设备，装置于适当的位置。

（3）设备种类：若菜单主菜有烙烤牛排，就一定要有烙烤的设备。

（4）动线流程：厨房平面设计图是根据菜单内容所规划出来，需靠主厨先分析各工作台间的烹调动线，如此可提高烹调的顺畅度，增加工作效率。

（5）水电煤气：公营事业费率逐渐高涨，厨房设备所需的能源不外乎电力、煤气、蒸气及柴油。生财机具所需要的能源种类及效率都成为采购的重点，以降低未来营运时的摊提及支应能源两大费用。

（6）卫生与安全：购买设备还需考虑食品卫生安全。若购买冷冻冰箱，需确认冰箱温度能否达到冷冻温度（$-18\,^{\circ}\mathrm{C}$）；若要购买制冰机，则要确认水质来源没有问题或加装净水器，确保冰块不因水质的来源造成卫生问题。

（7）维修成本：设备维护主要的成本为人员费用，选购设备应以业界知名大厂为主，故障率越低，维修成本也低，营业成本也相对降低，同时产能也不致因故障中断，影响营业收入。

(8) 折旧摊提：购买成本多寡取决于上述各项因素，虽所付出的资本高，但可借由每年折旧摊提来降低业主每月支出费用的负担。假设购买厨房生财机具共计新台币 500 万元，预估直线摊提年限为七年，则每月摊提的折旧费用为新台币 5.9 万元[①]。

购买任何一种生财机具均需经过审慎评估及衡量使用者的意见，有越来越多业主购买底部有轮子的机具，如此方便移动提供后续维修、搬移、清洁等多重功能。部分餐厅开设于 超高大楼或办公大楼内，大楼设计时对于高楼层因消防相关法规，明火有诸多限制，只能使用电力，因此菜单设计者及主厨在菜单规划时需考虑中式菜肴大火翻炒的限制，有无其他替代方案。

第六节 营业场所

餐厅营业场所必须要符合菜单上每一品项的"采购、验收、储存、发货、准备、烹调、备餐及送餐"等一系列流程。若菜单上部分菜色有重大的改变或营业场所因其他原因需要变更，都会影响原始菜单设计的规划及理念。

假设餐厅厨房的设计每天最大产量为 500 份餐点，设有 200 个客席，经过一段时间营业后发现因营业需要，客席还要再增加 150 位达到 350 个客席，其他部分并未考虑增加，餐厅经理未来将面临因增加的 150 个客席，会陆续发生烹调设备不足及外场营业人员不足或训练等问题。若仅增加客席而其他配套措施没有考虑进去，将导致生产效率降低、出菜时间拉长、服务品质降低及客诉率增加等一连串的问题。

第七节 POS 系统

早年餐饮业的经营并无一个很好的工具或系统来管理店务，完全依赖人力管理商品及

①每月摊提折旧费用为新台币 500 万元 /（7 年×12 个月）＝新台币 5.9 万元 / 月。

账务，但随计算机系统及软件设计的进步，业者根据过去所开发的经验，将所有与商品及账务有关的功能全部结合，开发出"计算机销售点管理"（point of sales，POS）系统。

POS 系统除了计算机软件外，通常要具备下列硬件设备：计算机主机、收款机、触控屏幕、发票机、打印机、客户显示器等装置。利用前台的收银设备及系统，当每一笔交易完成后，经过资料的转换系统可随时提供销售状况、每笔消费明细、发票管理、区分畅销及滞销品、顾客管理、统计出完整的报表及图表，让经营者掌握最新销售状况，提供给经营阶层作为决策的依据。

（1）前台收银作业系统：经由扫描器的输入可以提升效率与降低错误率，缩短结账时间，进而提高服务品质，增进商店形象。

（2）销售管理系统：经由销售管理系统，不仅可对畅销或滞销品加以分析管理，亦可借由对客户数的掌握，进行客户管理作业，确保营业额和利润，并且可编制各种销售分析报表，以调整行销策略及经营方向，建立正确经营目标。

（3）库存管理系统：借由库存管理系统的建立，可以减少缺货与存货积压，进而降低库存成本、减少耗损，仓储空间利用更为有效。

（4）供货商与客户系统：供货商与客户系统，有助于增进信息流通功能，发挥与彼此关系的建立。例如，供货商间的采购作业、客户信用额度的控制。

（5）进货管理系统：可以使得订货流程系统化，减少订货人员因主观意识而产生的偏差，达成适时适量的实时化进货需求。

使用 POS 系统的效益除可简化收银作业，以防止人员的作业疏失或舞弊、减少重复作业外，还可搜集各种商品与商情信息，以利管理者作为行销策略与发展方针的改善，同时将进货、销货、存货及采购管理等作业制度化、合理化，大幅降低人力费用，更可提升营运效率。

温故知新 习题与讨论

1. 菜单设计规划的流程是什么？

2. 产品的生命周期有哪四种？

3. 生财机具与菜单规划的关联是什么？

4. 营业场所与菜单规划有何关联?

5. POS 系统对餐饮业有何重要性?

实作练习 菜单制作

1. 大明餐厅的业态: ＿＿＿＿＿＿＿＿＿＿＿＿＿＿＿＿＿＿＿＿＿＿＿

2. 大明餐厅的市场定位: ＿＿＿＿＿＿＿＿＿＿＿＿＿＿＿＿＿＿＿＿

3. 大明餐厅的顾客族群: ＿＿＿＿＿＿＿＿＿＿＿＿＿＿＿＿＿＿＿＿

4. 大明餐厅的风格: ＿＿＿＿＿＿＿＿＿＿＿＿＿＿＿＿＿＿＿＿＿＿

笔记栏

笔记栏

第五章　菜单设计前必做功课——市场调查

1. 了解在菜单设计前为何需先做市场调查。

2. 学习有效的市场调查需包含哪些部分。

3. 了解市场调查后有哪些准备步骤再推出正式菜单。

美国知名连锁百货创办人杰西潘尼（J.C. Penney）曾表示："如果满足了顾客，但没有利润，企业无法永续经营，但如果赚到了钱，不能满足顾客，顾客也不会再度光临。"这个观点主要表达的重点就是要从顾客满意中获取利润。要点如下：

（1）强调顾客第一，行销就是把顾客的需求列为最高优先。

（2）做生意不能妄想把所有东西卖给所有的人，也就是不可能满足所有人的欲望和需求，应该以市场区隔作为目标市场。

（3）以市场研究来决定顾客的需求和欲望。

（4）只有确定顾客需求后，才能开发适当的产品及服务来满足客人。

（5）讲求顾客满足，只靠推广或销售还不够；也就是不但要招揽新顾客上门，还要让老顾客再次惠顾。

（6）每次的交易，在满足顾客需求的同时为企业带来经济利益。

（7）创造顾客附加价值，达成顾客满意，最终目标就是为企业创造利润。菜单设计的好坏攸关餐厅经营成功与否，所以在设计前，当然要充分了解自己餐厅的资源及顾客的需求。进行有效的市场调查可让餐饮业快速取得顾客及市场信息，以便更精确地设计符合顾客需求的菜单。有效的市场调查结果需显示两部分：一是决定建立餐厅营业形态；二是分析顾客需求以便提供顾客需要的经营模式。在决定建立餐厅营业形态前，经营者需先思考以下要素：

1）餐饮业态（中、西、日餐……）。

2）顾客族群（学生、上班族、家庭……）。

3）餐厅风格。

4）预计成本。

5）预期利润。

6）投资额。

7）预估销售额。另外，有效的市场调查范围需包括三部分：顾客、餐厅本身与竞争者的分析。

第一节 顾客需求

对于餐饮业者而言，设计菜单前必须了解菜单销售的对象，换言之，也就是自己餐厅的顾客组成，而顾客的组成与餐厅营业地点的居民及常出入的人口息息相关，依据调查，餐厅的常客习惯在自家或工作地点附近用餐。因此餐饮业者必须掌握营业地的人口结构，进行顾客分析，再依据他们的需求设计菜单。

进行营业地点顾客分析的目的在于收集所在地的顾客特性后，客观地评估餐厅在满足顾客需求上，如何与竞争者竞争。需收集的重要顾客信息如下所列：

（1）人口。

（2）年龄。

（3）性别。

（4）家庭大小。

（5）家庭生命周期阶段。

（6）职业分布。

（7）教育水平。

（8）收入状况。

（9）喜爱的料理。

（10）社会阶层。

（11）社交情况。

（12）外食频率。

第二节 餐厅分析

餐厅分析是餐厅本身条件评估，典型的餐厅评估清单包括下列要素：

（1）立地条件：营业地点的交通状况、人口成长率、地区属性（商业区、住宅区、文教区、娱乐区……）。

（2）餐厅设施：停车场、残障厕所。

（3）房地产状况：房价或租金。

（4）公共建设：是否增设大众运输工具、公共停车场、娱乐休闲设施（运动中心、大型卖场、购物中心、公园、学校……）。

（5）能量资源：水电供给、天然气或煤气罐。

第三节 竞争者分析

竞争分析意指分析比较与你争夺生意的任何餐厅和自己的餐厅，这类分析的目的在于发现：

（1）竞争餐厅提供的服务，却不在本餐厅服务范围内具有高利润的市场。

（2）本餐厅具备，而竞争餐厅望尘莫及的优势。

（3）得到竞争餐厅在行销策略上的缺失并加以充分利用。

竞争资料分析要尽量取得相关信息，包括在哪些餐厅实际用餐的经验和对他们广告的评估。以下是一些协助餐饮业者调查竞争餐厅可进行分竞争分析的调查项目：

（1）餐厅坐落位置（见表5-1）。

（2）餐厅建筑外观（见表5-2）。

（3）营业情形（见表5-3）。

（4）餐点供应情形（见表5-4）。

表 5-1　餐厅坐落位置

调查项目	自己	竞争者 A	竞争者 B	竞争者 C
主要位置				
主要道路				
停车方便性				
广告招牌能见度				
公车站牌数				
其他大众运输工具				

表 5-2　餐厅建筑外观

调查项目	自己	竞争者 A	竞争者 B	竞争者 C
建筑特色				
外观特色				
内部布置				
用餐区类型（包厢、厢房数）				

表 5-3　营业情形

调查项目	自己	竞争者 A	竞争者 B	竞争者 C
每周/月/年的营业天数				
每天营业时数				
座位数				
每餐翻桌率				
每餐平均消费				
菜单的接受性				
饮料种类				
每天供应的餐别				
社区的接纳性				
餐厅运作流程				

表 5-4　餐点供应情形

调查项目	自己	竞争者 A	竞争者 B	竞争者 C
价格				
硬件设备				
服务情形				
食物品质				
饮料品质				
娱乐设备				
烹调品质				
餐厅气氛				
其他呈现的问题				

第四节 市场调查结果后的准备工作

经由前述顾客、餐厅本身与竞争者三部分的市场调查后，餐饮业者应可寻找到所处社区需要的餐饮机构须具备何种特色、如何与竞争者做区分、应用何种烹调技术、菜单所制备出来的菜肴应有何种特色。所有的信息整合后再进行菜单的规划与设计，为确保正式菜单推出后，能获得顾客肯定、厨房可以运作顺畅，且外场可以正确服务，在正式菜单推出前，餐饮业者可利用以下步骤，将菜单修正至最理想的状况（见图 5-1）。

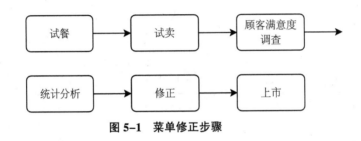

图 5-1　菜单修正步骤

（1）试餐：在餐厅开业前，先将规划好的菜单品项试做，由内外场人员参与试餐。试餐的重点为借由餐厅内部顾客的满意度来决定菜单内的每一道菜肴是否有需要做口味上的调整，另外测试内场制备作业是否流畅，厨房设备是否足够生产菜单内的所有菜肴（见表 5-5）。

表 5-5　试餐满意度调查表

满意度　项目	非常满意	满意	普通	不满意	非常不满意
餐点外观					
餐点香味					
餐点口味					
餐点份量					
餐点温度					
餐点盘饰					

（2）试卖与满意度调查：经过上述试餐修正菜单与作业后，餐饮业者在正式营业前，可以进行试卖活动，邀请自己的家人、亲朋好友或街坊邻居当作顾客。试卖的优点与试餐有异曲同工之处，借由熟悉的顾客反映餐点口味及服务品质，相信此类对象应可毫不保留

地直接给予意见，作为正式营业前的改进依据。

（3）统计分析与修正：试卖活动后需仔细分析顾客的满意度，并做适当的调整。

（4）上市：在正式营业前，需再次确认物料是否齐备、菜单是否正确无误。

表5-6是一份整合顾客、餐厅本身与竞争对手的分析清单，可作为餐厅市场分析的一部分，由于市场条件对任何一个餐饮业者在经营的获利产生重大冲击，这份清单可当作一份工具来帮助餐饮业者分析市场，以便做出更有效益的经营和投资决定。

表5-6　提升竞争力检查表

地点
社区生活圈交通模式
☑ 邻近度的需求来源
☑ 招牌能见度
☑ 到达难易度
☑ 停车方便与否
容貌与舒适度
☑ 餐厅外观及主题
☑ 餐厅内部观感及主题
☑ 气氛
☑ 整洁度
菜单
☑ 主题
☑ 多样性和选择
☑ 招牌菜色
☑ 饮料服务
☑ 价格范围和价值
食物品质
☑ 口味
☑ 分量大小
☑ 呈现水准
☑ 一致性
服务
☑ 营业天数
☑ 营业时间
☑ 服务速度
☑ 额外服务的提供
☑ 服务风格
☑ 服务品质
一般信息
☑ 座位容量
☑ 宴会设备

☑ 娱乐	
☑ 美食评论家评等报道	
☑ 地方声望	
☑ 广告和促销的使用	
☑ 生意递增或递减	
☑ 客人的种类（年龄、收入、来源……）	
☑ 每个用餐时段来客人数	
临近区域的描述	
☑ 住宅和商业结构	
☑ 特别魅力	
☑ 周围商业	
顾客和竞争对手邻近度	
☑ 可带来大量客源的地点（商店、办公处、住所、医院……）	
☑ 在半径1公里、2公里、3公里内，区隔的潜在顾客数	
☑ 直接竞争对手的名单	
交通流量	
☑ 街道和道路路线	
☑ 公路/街道交通计数	
☑ 行人交通计数	
☑ 尖峰和离峰时段	
到达难易度	
☑ 与主要街道和公路邻近度	
☑ 简易的入口和出口	
☑ 步行可到达难易度	
☑ 符合身心障碍者设施	
能见度	
☑ 从公路上能见度	
☑ 招牌的效益	
☑ 景观美化	
其他议题	
☑ 环保议题	
☑ 周边区域成长模式	
地理市场区域	
☑ 市场区域半径（1公里、2公里、3公里……）	
☑ 在地图上标示市场界限	
人口特征	
☑ 人口	
☑ 性别	
☑ 族群	
☑ 家庭收入支配	
☑ 婚姻状态	
☑ 教育程度	

续表

经济特征
☑ 用餐和饮酒场所的销售额
☑ 餐厅活跃指数
☑ 餐厅成长指数
☑ 就业水准
☑ 季节性和旅游业顾客的来访
劳工市场特征
☑ 地方薪资等级
☑ 可聘用的劳工数
☑ 可聘用的劳工种类
在外用餐的偏好和地方居民的生活方式
☑ 访问地方居民
☑ 观察其他餐厅内的用餐习惯

资料来源：美国密西根"餐厅市场分析"，2004-05-12。

温故知新 | **习题与讨论**

1. 指出有效的市场调查需包含哪些部分？

2. 如何做顾客分析？

3. 餐厅分析需包含哪些项目？

4. 如何做竞争者分析？

5. 市场调查后有哪些准备步骤再推出正式菜单？

实作练习 | **菜单制作**

1. 大明餐厅预计规划为几人座的餐厅？ _____

2. 餐厅厨房有那些烹调生财机具？ _____

3. 根据厨房的这些机具，哪些菜名会在菜单上呈现出来？ _____

4. 根据所呈现出来的菜名，请至少要写出一道菜是符合产地来源的特性：_____

5. 根据所呈现出来的菜名，请挑选出一道菜说明，你要如何完成前/后场员工的训练：

_____

笔记栏

笔记栏

第六章 餐饮营业形态与菜单的呈现

1. 了解各种餐饮形态的菜单。

2. 学习菜单适合的规格与大小。

第二章及第四章分别介绍了菜单结构及设计的通则，但并非所有营业形态的菜单都适用于这些设计的规范。本章将依各营业形态的不同，说明各行业如何规划菜单设计的方式与理念。

第一节 旅馆

旅馆内的餐厅称为"outlets"，假设有六间餐厅，该饭店就有六间餐饮 outlets。以一间国际五星级连锁旅馆为例，餐饮"outlets"大致可区分为一楼大厅（lobby）的咖啡厅、各楼层的中、西、日餐厅、异国料理餐厅及宴会厅等。因每一个 outlets 的餐饮性质不同，菜单呈现方式也大不相同。

（1）咖啡厅：大多设置于饭店的一楼（lobby），提供多种饮料及糕饼服务，菜单多以饮料单的方式规划，或以下午茶方式推出。糕饼则多以陈列柜（showcase）方式开放让消费者能以看见实物来点选餐点。

（2）西餐或异国料理餐厅：可区分为正式餐厅（fine dining）、自助或半自助餐厅为主的经营方式。正式餐厅的菜单多以午、晚餐两种正餐餐型，规划多以前菜、沙拉、汤、主菜及甜点等方式排列及规划；饮料单的选择也大都区分为葡萄酒类、干邑（cognac）、威士忌（whiskey）、碳酸类（soda）及各式咖啡、茶等选择。

（3）自助及半自助餐餐厅均使用热锅（charvin dish）方式展现餐点，一般实体印刷菜单则较少出现。消费者可借由实体展现出的菜色搭配旁边的中英文小菜卡，了解每道菜的烹调方式及成果，服务人员可减少介绍菜单的繁琐程序及时间，但增加补充餐台上的菜色、整理客人桌面等基层服务。

此外，这类餐厅还负责客房点餐（in room dining）的服务，in room dining 提供各式餐点，使用率最高的就是早餐服务，客房内会提供早餐点餐卡（见图6-1）并悬挂于门把上（door knot）供房客点餐及服务员收取之用。

in room dining 早餐的菜单规划大致区分为美式（American 或 full breakfast）及欧陆（continental）早餐两种。欧陆早餐包含下列品项：各式果汁及饮料、水果、面包、谷类及优格；美式早餐除欧陆品项外，还包括热主菜（肉类、蛋类及其配菜）。

第二节　白桌布服务

白餐桌之意就是在餐桌上铺上白色的桌布，在传统的西餐习俗铺有白色的餐桌布为高档餐厅，一般多为旅馆内的 fine dining restaurant 及米其林二、三星级餐厅。

此类餐厅营业费用较高，但提供正式（formal）的餐桌服务，所有的餐桌均摆设全套餐具："面包盘（B/Bplate）、展示盘（show plate）、水杯、红酒杯及白酒杯"，菜单、酒单及甜点均有其各自的菜单，菜单设计多以高雅、简单、大方为设计方向，如，卢森堡米其林大师级 Léa Linster 的菜单，其文字陈述多以烹调专业术语之母语和英文双语呈现，高雅、简洁、大方（见图6-2、图6-3）。

第三节　家庭聚餐服务

一般家庭式的餐厅，目标客层为一般消费族群，如上班族、同学及家庭聚餐等。餐点供应形态为供应早餐、午餐、下午茶及晚餐等全餐型的服务，餐桌摆设简洁明亮。以图6-4餐厅的菜单为例，该餐厅菜单每四个月更换一次，以 2009 年 4 月~7 月所提供的三折菜单为例，从菜单封面及颜色就可以看出浓浓的意大利风。

该餐厅的菜单共有两种：一种是 Grand Menu；另一种是 Lunch Menu。两者菜单大小均为长 42 厘米、宽 23.3 厘米（16.5 英寸×9.17 英寸），有很好的美工设计，Grand Menu 以翻页方式呈现；Lunch Menu 则以三折（three-panels）方式呈现，"目光焦点"并无应用，反而运用大量的实体图片搭配简单的说明，让消费者一目了然。

RYDGES
WORLD SQUARE

NAME .... DATE ....

NO. OF PERSONS .... ROOM NO. ....

SIGNATURE ....

SERVICE TIME Please note that Bed & Breakfast Room Rates do **NOT** include Breakfast served to your room.
- ❏ 6:30 am - 6:45 am
- ❏ 6:45 am - 7:00 am
- ❏ 7:00 am - 7:15 am
- ❏ 7:15 am - 7:30 am
- ❏ 7:30 am - 7:45 am
- ❏ 7:45 am - 8:00 am
- ❏ 8:00 am - 8:15 am
- ❏ 8:15 am - 8:30 am
- ❏ 8:30 am - 9:00 am
- ❏ 9:00 am - 9:30 am
- ❏ Other ....

Please indicate the number of items required. eg. ⬚
CONTINENTAL BREAKFAST at $25.00 per person

JUICES _____
Orange ❏
Tomato ❏
Pineapple ❏
Apple ❏

FRUITS _____
Fresh Fruit Salad ❏
Preserved Fruits ❏

BREADS _____
2 Toasts-Brown ❏
    - White ❏
2 Croissants ❏
2 Danish Pastries ❏
2 Muffins ❏

SPREADS _____
Raspberry ❏
Strawberry ❏
Honey ❏
Peanut Butter ❏
Orange Marmalade ❏
Apricot Jam ❏
Vegemite ❏

YOGHURT _____
Natural ❏
Flavoured ❏

CEREALS _____
Cornflakes ❏
Special K ❏
Rice Bubbles ❏
WeetBix ❏
Muesli ❏
All Bran ❏

BEVERAGES _____
Pot of Tea ❏
Earl Grey ❏
English Breakfast ❏
Herbal ❏
Coffee ❏
Decaf Coffee ❏
Hot Chocolate ❏

Prices stated include Tray Charge and GST

FULL BREAKFAST at $32.00 per person
Choice of any of the above as well as

2 eggs any style
Scrambled ❏
Fried ❏
Poached ❏
Omelette ❏

with
Hash browns ❏
Grilled tomatoes ❏
Bacon ❏
Sausages ❏
Grilled ham ❏
Mushrooms ❏
Tomato Sauce ❏
Mustard Mild ❏

Please Hang outside
your door by 2:00am

Prices stated include Tray Charge and GST

ROOM SERVICE BREAKFAST

图 6-1 饭店客房早餐的早餐卡

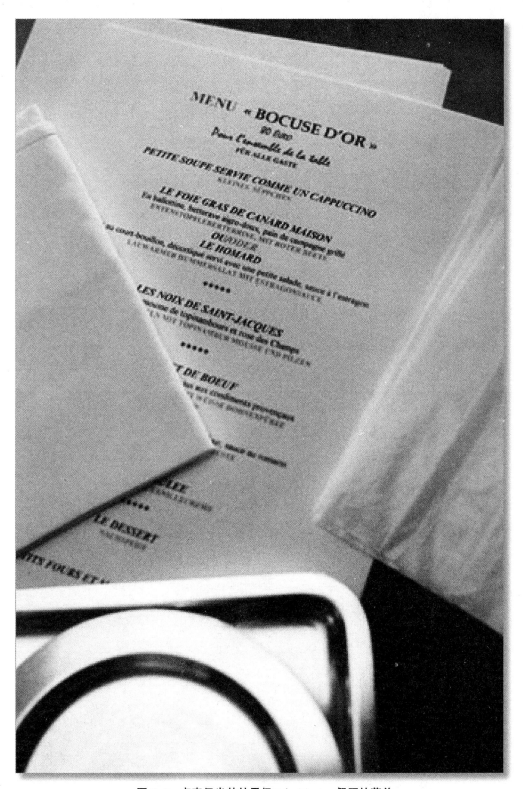

图 6-2　卢森堡米其林星级 Léa Linster 餐厅的菜单

图 6-3 卢森堡米其林星级 Léa Linster 餐厅的 Table Setting

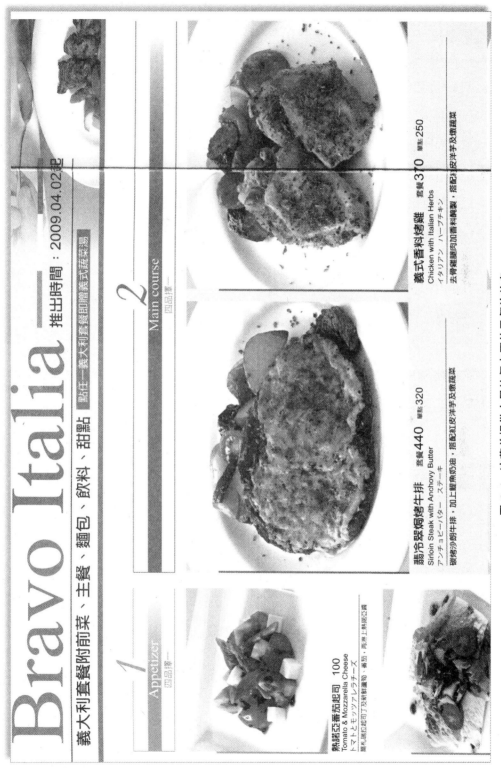

图 6-4　该菜单提供大量的餐点图片及餐饮信息

以 Grand Menu 为例，封面以 Arial 中英文字体，80 级菜单设计与成本分析大小印刷，内页餐点排列方式为由左到右排列，依序为意大利套餐或单点选择的前菜（appetiser）、主菜（main course）、饮料（beverage）、甜点（dessert）、汉堡肉（hamburger）、烙烤类（grilled）、日式套餐（ozen），次页为意大利面（pasta）及沙拉（salad）。

另外，菜单内还提供下列信息：

（1）菜单周期。

（2）超值午餐供应时间。

（3）每道餐点提供中、英、日三种语言文字。

（4）每道餐点除餐点名称外，还提供简单的用料及烹调方式等信息，让消费者对餐点更为了解。

（5）套餐内容。

（6）"烤盘过热"及"未成年勿饮酒"等警示语。

（7）牛排肉来源。

（8）猪排使用 SPF（specific pathogen free）标章，确认该猪肉来自"无特定病原"的花莲莲贞牧场。

第四节 卖场 Food Court

购物中心或大卖场内的美食街提供各式佳肴，每一家饮食店提供的菜单内容较不复杂，且多以套餐形式推出，菜单展现的方式多以抬头式、灯箱方式陈列，或以样品（mock up dishes）供消费者选择。

因有业主在业界的声誉及集合大环境（macro location）的选择，将是人潮的保证，这也是各商家愿意进驻各卖场美食街的重要原因之一。虽然有业者声誉及大环境地点的两大保证，但卖场内各店家位置（micro location）的选择，将是走向制胜成功的关键。

多数卖场的业主提供美食街整体店面设计、外场桌椅安装、公营事业申请等，营业期间的公营事业费、洗碗费及冷气空调费每月按各店面面积比率收取；其他如销售收银发票机（POS）及三节（周年庆）推广费等费用为年缴，店面租金大多以每月 POS 机发票营业收入的 35% 左右收取。除此，卖场的整体规划很重要，窗明几净的形象绝对比肮脏油腻强。

美食街除了著名的快餐连锁或知名餐饮业者外，其他各商家主打套餐价格战，一方面以物超所值的产品吸引消费者购买，最重要的是希望能以量来提高营业收入。所以卖场的菜单一定要简单且有特色，维持产品的品质一致性及使用需求价格弹性（price elasticity of demand）等策略方能于卖场内持久生存。

<h2>第五节　快餐连锁店</h2>

品牌效益是国际快餐连锁店经营的主要目的，餐厅提供窗明几净的用餐环境，所有内场（厨房）及外场（营业现场）的作业必须遵守"标准作业手册"（standard operation procedures，SOP）来执行。菜单内容简洁有力，消费族群设定清楚是国际快餐连锁店主要的特点。

以中国台湾地区的麦当劳及肯德基两家美式快餐连锁餐厅的菜单为例，均提供早餐、正餐两种餐型，每餐型提供多种套餐或组合餐的选择。菜单呈现的方式为"抬头式灯箱"菜单及"画册菜单"两种方式供消费者参考点餐，这两种菜单有其绝对互补的作用。

国际连锁快餐店的点餐柜台均设置于大门入口处，入口处到点餐柜台的距离将决定柜台的数量。若入口到柜台的距离短，就叫"纵浅"，柜台数不能太多；反之为"幅宽"，柜台数多并可增加结账的速度。人潮拥挤排队时，消费者可于排队时抬头观看及考虑要点的餐点，然而结账柜台上的"画册菜单"可让柜台营销人员与消费者多一点互动，并借由交谈增加 up-selling 销售的营业收入。

不管是"抬头式灯箱"菜单及"画册菜单"均提供下列完整的点餐信息：

（1）餐点供应时间。

（2）餐点的实体图片。

（3）中英文餐点双语说明。

（4）提供套餐数字方便点餐。

（5）餐点售价。

麦当劳及肯德基的快餐产业菜单发展多年，都还保有可以巩固其核心事业的产品，近几年核心产品朝本土化（localization）及多元化发展，如韩国的泡菜汉堡；澳洲轻食餐（lighter choice）及卷饼（deli choices wraps）等新产品，以满足及尊重当地餐饮文化的发展及口味。

第六节　外带服务

中国台湾地区实施外带服务最成功及成效最好的大概就是"披萨"店。1986年台湾第一家披萨店进驻台湾的时候，当时的必胜客（Pizza Hut）还是以餐厅的方式经营，历经十多年餐饮形态的变迁及饮食文化的多元化，披萨营业的形态逐渐由餐厅发展到外带外送的服务。

披萨的菜单形态与国际快餐连锁店麦当劳大致相同，麦当劳以汉堡包（burger buns）为主食，中间的夹馅有牛、鸡及鱼等三种，搭配薯条及可口可乐系列产品饮料；披萨以面团（dough）为主食，加上数十种不同口味的馅料（toppings），搭配多种类的副食及百事可乐系列饮料。

台湾披萨产业以必胜客、达美乐及拿坡里等三家较为知名。这三家菜单内的产品都很丰富，完全跳脱第三章的菜单设计及规则，所有的产品分门别类以中英文加图片的方式印在雪铜纸上，让消费者自行参考。对于"麦当劳、肯德基、必胜客、达美乐及拿坡里"等这些店家而言，菜单对消费者来说只是参考确认或了解有无促销商品的媒介，因为消费者对这类商家的产品大都知道。现在互联网发达，也可进入各店家的网站了解及下单购买。

不时在传媒推出新的推广活动（promotion）及新的产品，让消费者了解产品时并愿意去尝试；没有新的产品也要推出不同的活动或创意的点子让消费者不会忘了有这家店的存在。例如2006年左右，麦当劳推出一系列温馨广告，而肯德基则推出"这不是肯德基"系列广告；2009年肯德基推出"对不起烧饼"的全新早餐产品，麦当劳则以价格迎战，这些都是让消费者可以更加了解菜单内容及增加营业收入的方法。

第七节　特色餐厅

中国台湾有很多特色餐厅，但目前被国际传媒报道及荣获美国《纽约时报》评选世界十大美食餐厅殊荣的只有一家，那就是"鼎泰丰"。鼎泰丰餐厅以提供手工捏 18 褶的小笼包 为名，已成为中华美食小笼包的代名词。

它的菜单（见图 6-5）长 34 厘米、宽 17.3 厘米（13.4 英寸 × 6.8 英寸），封面简单除"鼎泰丰"中、英、日三种语言文字外，并没有太多的设计及说明；背面则提供各家分店的地图、地址、电话、营业时间及外带的服务信息，整体外观设计中规中矩。菜单内页以五折式（multi-panels）方式呈现，菜单展开后以对折（two-panel）方式呈现店内主要的产品"小笼包"，菜单包含"小笼包、大包、面、饭、盘类佳 肴、汤、甜品、饮料及伴手礼"九大项目，每大项除提供中文行书体、英文 Brush Script MT 的中英双语说明外，每单项的餐点还提供实体图片，中、英、日三种语言文字说明、价格 及菜色编号，层次分明。

因"鼎泰丰"世界知名，市场定位非常清楚，所以来店的消费族群以本地及观光客为主，国籍又以中国台湾及日本为主要比率。就因消费者已略知该餐厅的消费价位，进入餐厅要吃什么，要点些什么，所以菜单内的信息可让用餐者更清楚点餐信息，以及店家有无推出新产品等双向的资讯媒介。

第八节　特殊产业

一、航空公司

航空公司每天供应飞行全球旅客的餐饮，它的餐厅是飞机的客舱，前场服务人员是机上的空服员，它的厨房是地面的空厨。然而一般从厨房将餐点送到消费者桌上几步路可完成，应用在航空产业上，其相对的服务动线却延长到几十公里及由两家不同的公司分工完成。

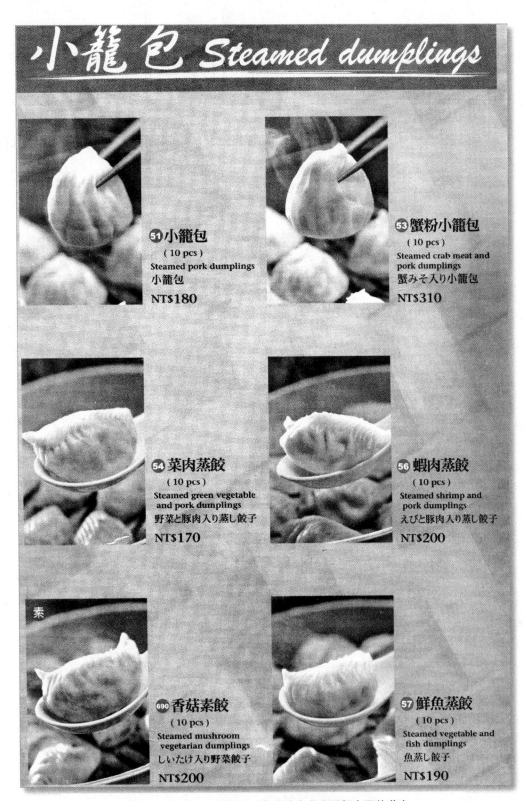

小籠包 Steamed dumplings

51 小籠包
(10 pcs)
Steamed pork dumplings
小籠包
NT$180

53 蟹粉小籠包
(10 pcs)
Steamed crab meat and
pork dumplings
蟹みそ入り小籠包
NT$310

54 菜肉蒸餃
(10 pcs)
Steamed green vegetable
and pork dumplings
野菜と豚肉入り蒸し餃子
NT$170

56 蝦肉蒸餃
(10 pcs)
Steamed shrimp and
pork dumplings
えびと豚肉入り蒸し餃子
NT$200

690 香菇素餃
(10 pcs)
Steamed mushroom
vegetarian dumplings
しいたけ入り野菜餃子
NT$200

57 鮮魚蒸餃
(10 pcs)
Steamed vegetable and
fish dumplings
魚蒸し餃子
NT$190

图 6-5　世界知名的餐厅，菜单的内容主要餐点图片菜名

航空公司客舱内的用餐环境可区分为："五星级饭店服务的头等舱、商务旅馆式的商务舱及一般餐厅的经济客舱"；所提供的菜单依飞航长短餐型大致可区分为"早餐、午餐、晚餐、便餐及消夜"。因客舱内的厨房及用餐环境及飞航安全等考量，不论舱等大都提供"套餐"（set menu）菜单的形式。

大部分头等舱的正餐套餐提供"前菜、汤、沙拉、主菜、甜点、水果"形六项目，每一项目有二至三种不同的菜色供旅客选择。也有的航空公司将航段菜单区分为"中式、日式及西式"三种不同的料理，每一种料理提供特有的菜色及甜点。

"异业结盟"是餐饮规划最常用的策略，航空公司也会与餐饮业合作推广空中美食，航空公司提供的"异业结盟"案例有国泰与香港镛记烧鹅、港龙与台湾君悦饭店、长荣航与鼎泰丰及华航与圆山饭店等合作，被合作商家的"餐饮品牌"会呈现于合作航线的菜单上，让旅客有多一种选择，其他如美国 Häagen-Dazs 冰淇淋也是最常出现在菜单上的"甜点品牌"。

航空公司商务舱菜单大都有下列共同的信息：

（1）封面设计反映航空公司的文化（见图6-6）。

（2）背面以航空公司 Logo 为主（见图6-6）。

（3）多以翻页的方式呈现。

（4）航空公司为国际性的公司，首页欢迎词提供"母语、英文及第三国语文"等三或四种语言文字。同时也提供餐点规划的"年度、月份、适用航班、循环及舱级"等识别以为有效管理（见图6-7）。

（5）菜单内容提供"航段、料理选择、餐点项目"等信息（见图6-8）。因经济舱人数多，提供的餐点选择只有主菜，部分短航程的主菜甚至没有选择，发送菜单的意义并不如高等舱大，部分航空公司提供"电子菜单"达到旅客看菜单的目的。

最后，航空菜单与其地面餐厅最大的不同是，菜单上没有价格，旅客只需挑选喜欢的餐点于航程中享受。

二、高速铁路

20世纪50年代火车的"铁路餐车"及"铁路快餐"为其交通工具必备的餐点。随时代的进步及科技的发达，中国台湾地区南北间行车时间随高铁的开通距离更近，时间更

图 6-6　封面设计反映航空公司的文化

การบินไทยขอต้อนรับท่านผู้โดยสารด้วยบริการ
เฮืองหลวง ที่จะสร้างความพึงพอใจแก่ท่านอย่าง
สูงสุด ในเที่ยวบินนี้เราภูมิใจที่จะบริการท่านด้วย
อาหารที่ผ่านการปรุงแต่งอย่างประณีตพิถีพิถัน
อีกทั้งยังได้ประโยชน์จากสมุนไพรที่ใช้ในการประกอบ
อาหารไทย และเพิ่มความรื่นรมย์ด้วยการเลือกสรร
ไวน์ชั้นเลิศมาบริการแก่ท่าน

◆ ◆ ◆

Thai Airways International takes great pleasure
in welcoming you on board. Our legendary
Royal Orchid Service will make your journey
as Smooth as Silk. Our dedicated chefs choose
the finest ingredients and add Thai herbs to
Thai dishes that are being served as in-flight
meals. Also, only the finest wines from the
best vineyards have been selected to
accompany your meal.

◆ ◆ ◆

欢迎阁下搭乘泰国国际航空公司的航班，久负盛名的
"皇家凤兰服务"将伴您度过如丝般舒适温馨的旅程。
我们的专业厨师选用优质原料并配以泰国特有香料为您
精心烹制了 口味纯正的泰式佳肴，同时还特意准备了选
自著名产地的上等葡萄酒，请阁下尽情享用。

祝您旅途愉快！

◆ ◆ ◆

타이항공으로 여러분을 모시게 된 것을 진심으로 감사 드리며,
저희 로열 오키드 서비스는 승객 여러분이 여행하시는 동안
실크처럼 부드러운 서비스를 제공해 드릴 것을 약속 드립니다.
타이항공으로 여행하시는 동안 여러분은 저희 일류 요리사들이
엄선한 최상의 재료에 태국 허브가 가미된 태국 요리를 경험하실수
있으며, 또한 엄선 된 최고급의 와인도 함께 제공 받으실 수 있습니다.

Royal Orchid Plus members earn
ICN - BKK 2,880
ICN - TPE 1,151 / TPE - BKK 1,945
TG 635 C - MENU C : MAR/JUN/SEP/DEC

提供：
TG 635為航班
C 為商務艙
MENU C 為菜單循環
MAR/JUN/SEP/DEC 為菜單循環月份

图 6-7 航空公司菜单首页

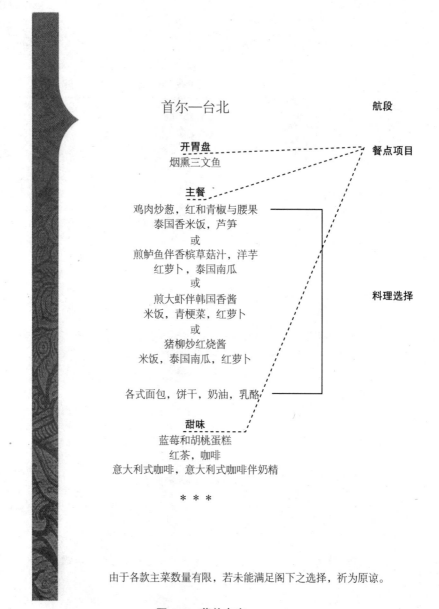

图 6-8 菜单内容

短，高铁于是将午餐及晚餐在南下及北上两航段指定的车次各提供两款快餐售卖。端倪高铁提供长 25 英寸，宽 10 英寸的彩色单页双面菜卡（见图 6-9），陈设在座椅前方的置物袋内，菜卡正面印有餐点美工图片及公司企业识别标志，翻至背面四款便餐的图片各标示于南下及北上的颜色区块内，每区块提供猪肉及鸡肉两种不同口味的菜色供其选择，价格均为每个新台币 120 元。

高铁菜卡的陈述简单，视觉效果佳，一张菜卡将销售品项展示得一目了然。除快餐

图 6-9 高铁菜卡也是以实体餐点图片为主

南下供應

日式豬排丼　　蔥燒烤雞

北上供應

蒜香茄汁里肌　蠔油香菇雞

NT**120**/份

便當供餐車次

午餐	南下	123、423、425、125、427、127、429、431、*1129、131、435、437、133、135、441、443
	北上	422、122、124、426、428、126、128、432、434、*1130、132、438、440、*1134、136
晚餐	南下	461、151、153、465、467、*1469、159、471、473、163、475、165、477、479
	北上	148、464、466、152、*1468、154、470、472、158、160、476、478、164、480、166

· 每車次供應之便當，請以當日供餐內容為準。
· 每日午、晚餐時段限量供應。
· (*)車次僅於指定日期行駛，詳情請參閱車站時刻表。

图6-9　高铁菜卡也是以实体餐点图片为主(续)

外，该菜卡还提供"快餐供餐车次"及"限量供应"的批注说明。

第九节　菜单服务行销

菜单除提供一般餐饮的信息外，也可借由"服务行销"来增加营业收入及旅客回流率。"服务行销"顾名思义，是先有服务才有行销，若一家店的服务不好，无法取得顾客的信任，后续的行销工作都是枉然。

永远站在顾客的角度思考及服务，是服务行销最重要的观念。下列三种情境为顾客正浏览菜单，服务生正帮客人点单，哪一种的服务会增加营业收入及未来旅客的回流率？

（1）请问菜单内哪一种菜好吃？服务生："我们餐厅的菜都好吃"，"我也不太清楚，因我刚来"或"我也没吃过，所以不太清楚"。

（2）请问菜单内哪一种菜好吃？服务生："我们的招牌是……"或"点阅率最高的菜是……您可以尝尝看"。顾客点了服务生介绍的菜，且又多点了许多的菜，一看就知吃不完。

（3）请问菜单内哪一种菜好吃？服务生："我们的招牌是……"或"点阅率最高的菜是……若您对我介绍的菜没有禁忌，我建议您可以尝尝看"。

顾客："好呀，那我再点这些……这些………这些………"服务生："先生不好意思，您点的太多了，会吃不完。建议点这些就可以了，若您用餐中还需加点，我可以再帮您服务……"

以上这三种"菜单服务行销"，个中诀窍除"永远站在顾客的角度思考及服务"外，对于菜单行销最重要的关键还需加上"与客人讨论菜单并产生互动"。第3种的点餐模式显然完全符合"站在顾客的角度思考及服务，与客人讨论菜单并产生互动"等重要的步骤。

温故知新　习题与讨论

1. 客房餐点（in room dining）提供哪两类早餐？

2. 家庭餐厅的菜单提供了哪些信息？

3. 中国台湾餐饮外带服务以哪个行业做的最好？

4. 航空公司餐饮规划最常用的规划策略是什么？

5. 国宴菜单设计时，必须注意哪些重点？

笔记栏

笔记栏

第七章 成本控制及售价订定

本章学习目标

1. 认识损益表。

2. 系数计价的方法。

3. 边际效率计价法。

财务报表主要有"资产负债表"（balance sheet）及"损益表"（income statement）两种，资产负债表于每年年底提供该公司的财务状况与价值；损益表则呈现每月公司获利的能力，资金进出状况及衡量营运的绩效。

此外，餐饮的定价格外地重要，关系到产品本身的品质与价值，所以餐厅本身的定位就要非常清楚。餐厅所提供的"服务地点、用餐气氛、餐具品牌、服务精致、餐点质量"等都攸关价格的制定。正确的定价决策需具备市场竞争力、符合成本利益，最终达到获利目的。

本章将着重于"损益表"的结构、分析方式及餐点定价的方式。

第一节 损益表

餐厅经营的好坏不能以感觉或其他的形容词来阐述，营运的绩效需订定目标，其目标应具体及量化，"数字"是最好的衡量标准。然而"损益表"则是最好表现公司营运绩效的工具，如果成本大于营业收入则是亏损；反之则为获利（见表7-1）。

表7-1 Cesar Ritz 意大利餐厅 2009 年 10 月损益表

单位：元，%

A	销售收入 （revenue）	数量 （amounts）	占比 （percent）
	餐点	533250.00	71.89
	饮料	208500.00	28.11
	餐饮总营业收入	741750.00	100.00
B	销售成本 （cost of sales）		
	餐点	217033.00	40.70

B	销售成本（cost of sales）	数量（Amounts）	占比（percent）
	饮料	58172.00	27.90
	餐饮销售总成本	275205.00	37.10
C	毛利（gross profit）		
	餐点	316217.00	59.30
	饮料	150328.00	72.10
	餐饮总毛利	466545.00	62.90
D	营业费用（operating expenses）		
	员工薪资及福利	239585.00	32.30
	直接营运费用	48214.00	6.50
	行销费用	6676.00	0.90
	广宣费用	14093.00	1.90
	公营事业费用	18544.00	2.50
	行政费用	40055.00	5.40
	一般修护及维护费	12610.00	1.70
	营业总费用	379777.00	51.20
E	营业成本前获利（profit before operating costs）	86768.00	11.70
F	营业成本（operating costs）		
	房屋租金及保险	35604.00	11.70
	利息	6676.00	0.90
	折旧	17060.00	2.30
	其他	(2967.00)	−0.40
	营业总成本	56373.00	7.60
G	税前获利（profit before tax）	30395.00	4.10

（1）A——销售收入（revenue）：销售收入也称之为营业收入（sales），为餐点及饮料等产品于特定时间所销售的金额。

（2）B——销售成本（cost of sales）：是指售出餐饮的材料（costs of food and beverage）成本，次月5~10日前完成库存盘点，所计算出上月因餐点及饮料销售所产生的成本价值。

1）餐点销售成本计算公式＝期初库存价值＋当月购买金额－期末库存价值

2）饮料销售成本计算公式＝期初库存价值＋当月购买金额－期末库存价值＋其他部门转入饮务部门饮料费用－由饮务部门转出到其他部门的饮料费用

（3）C——毛利（gross profit）：毛利为：A——销售总收入－B——销售总成本的金额，该结余金额还需足够支应D——营业费用及F——营业成本。

餐点的毛利率59.30%可借由"餐点销售毛利217033元/餐点销售收入533250元"

计算得出。

（4）D——营业费用（operating expenses）：营业费用又称之"可控制费用"（controllable expenses），也就是相关费用业主可依营业状况适时调整增减。公营事业费用也可借由"丰田项目-Toyota Way"或"任务编组-Ad Hoc"方式集思广益将费用降低，挤出获利的空间。在经济不景气的时代，开源及节流为企业求生存的基本方针，但在开源有限的状况下，大家更需努力节流及改善工作流程，让企业永续生存。

（5）E——营业成本前获利：营业成本前获利为：C——餐饮总毛利-D——总营业费用，该结余金额还需足够支应F-营业成本。若结余金额为正数则为获利，反之为亏损。

（6）F——营业成本（operating costs）：营业成本又称之"固定成本"（fixed costs），意指费用如租金、贷款、利息、保险、税金、生材机具折旧等不会因营运状况的好坏而有所调整，是必需支应的成本。

营业成本下的房屋租金及保险率4.80%，所代表的意义为该成本与餐饮总营业收入的百分比，也就是说每100元的餐饮总营业收入，其中的4.8元需支应该费用。

（7）G——税前获利（profit before tax 或 income beforeincome tax）：税前获利为：E——营业成本前获利-F——营业成本，亦为企业缴给政府营业税前的获利金额。

业主每月拿到的损益表，可根据表7-1内A~G七项的数据及百分比了解当月的营运状况，以便进行后续的决策与检讨。每月的营运状况可借由下列两种比较方式转化为企业的营运绩效：

（1）与年度目标相比（数据与百分比）。

（2）与去年同期相比（数据与百分比）。

第二节　损益表的分析

根据表7-1（Cesar Ritz 意大利）所提供的损益表数据显示，若该餐厅对2009年10月的获利率4.10%与目标值5.6%相比低约1.5%，业主希望11月获利率能达到目标值5.6%，除严密监控食材、人工及营业等三大费用外，提升营业额也是重要的关键因素，所以三大费用及营业收入四大指标，也是各企业年度的目标。

（1）获利率（%）：使用表 7-1 的数据，该月的税前获利率（profit before tax）公式及计算方法如下：

税前获利率 = 净营业收入/餐饮总营收

= 30395 ÷ 741750 × 100%

= 4.10%

若当月的获利率较预算或年度目标值低，表示在营运费用及成本部分需要注意，可能还要再检查一下产品的定价是否需要调整，以增加销售数量及营业收入，进而增加获利能力。

（2）食材成本率（%）：食材成本包含餐点及饮料两大成本。因餐点及饮料的成本大不同，不应相互比较。

1）餐点成本率是业主最重视的比率，也是决策当月餐点营业收入与成本间是否有不合理的费用及百分比出现。使用表 7-1 的数据，该餐厅 10 月的餐点成本率（food cost percentage）公式及计算方法如下：

餐点成本率 = 餐点销售成本/餐点总营业收入

= 217033 ÷ 533250 × 100%

= 40.70%

40.70% 代表每 100 元的餐点营收，其中的 40.7 元为需支付应餐点的食材成本。若该月的餐点成本率较预算或年度目标值低，代表购买的物料成本低；若该比率高于预算或年度目标值，需检查购买物料成本及废弃率是否增加、售价是否太低或其他因素（如赔偿）等，都会造成餐点成本率无法达成年度目标的原因。

2）饮料成本率（beverage cost percentage）的概念与餐点成本率相同，其公式及计算方法如下：

饮料成本率 = 饮料销售成本/饮料总营业收入

= 58172 ÷ 208500 × 100%

= 27.90%

27.90% 代表每 100 元的饮料营业收入，其中的 27.9 元为需支付应饮料的食材成本。饮料成本率远比餐点成本率低，毛利也高。餐厅服务生多会推销饮料，除增加营业收入外，还可增加获利。

3) 餐点及饮料加总的成本率为餐饮成本率（food and beverage percentage），其概念及计算方式与上面 1）及 2）相同，其公式及计算方法如下：

餐饮成本率 = 餐饮销售成本/餐饮总营业收入

$$= 275205 \div 741750 \times 100\%$$

$$= 37.10\%$$

餐饮成本率虽为 37.10%，但此百分比为餐点及饮料与总营业收入之间的关系，无法个别看出餐点及饮料的物料比率，所以若要降低餐饮的成本率，还是要仔细分析餐点及饮料的物料百分比。

（3）人力成本率（%）：人力成本在"营运费用"（operating expenses）内是最大的费用，所占得比率也最大，其成本包含"员工的薪酬、奖金、福利、保险及红利"等。人力成本率（labor cost percentage）的公式及计算方法如下：

人力成本率 = 人力成本/餐饮总营业收入

$$= 239585 \div 741750 \times 100\%$$

$$= 32.30\%$$

若当月的人力成本率比预算或年度目标值高，要检查是否有特殊的状况使人力费用增加，如台风假、年节的加班费、新进人员的薪酬或相关法规的实施提高人力费用等，且营业收入又无法等比率的增加，都是造成人力成本无法达到预算及年度目标值的原因之一。

（4）将表 7-1 损益表内的费用汇整成表 7-2，可以更清楚地了解主要费用的百分比：

餐饮成本率：37.10%

人力成本率：32.30%

其他营运费用率：26.50%

这三项成本占总成本的 95.90%，税前获利为 4.10%。

这也是为何餐饮界及业主特别重视"餐饮成本率"及"人力成本率"两大费用，若管控好这两大费用的成本，就是获利增加最重要的依据。

表 7-2　Cesar Ritz 意大利餐厅 2009 年 10 月份损益表总费用及比率

单位：元，%

销售成本（cost of sales）	数量（amount）	占比（percent）
餐饮销售总成本	275205.00	37.10
营业费用（operating expenses）		
人力成本	239585.00	32.30
其他营业费用及成本	196565.00	26.50
总成本	711355.00	95.90
税前获利（profit before tax）	30395.00	4.10
		100.00%

第三节　主观价格法

大部分的经理人对于使用主观价格法，都会设定"特定目的、餐点及时效性"，因这种定价对于最终的获利有相当的影响。

（1）合理定价法：根据当时外在大环境经济状况及参考餐饮需求所设定出的售价。餐厅经营者除参考上述大环境外，还要站在消费者的角度思考，推出的餐点消费者愿意花多少钱来消费。

（2）高价定价法：以极高的售价来吸引顶级的消费族群，例如 A 饭店邀请米其林三星主厨或知名主厨来推广，以极高的售价吸引金字塔顶端的饕客来享受美食，这种价格本身具有独特性，其他竞争者无法跟随的定价方法又称为"市场吸脂法"（market skimming）。

（3）低价定价法：低价以特定产品为主，餐厅经营者希望以极低的售价吸引消费者购买，再借由销售技巧让消费者加购其他产品。并非所有的业主都能使用低价定价法，一般用于开幕、特定时段的促销活动以及特定的族群。

（4）测试市场定价法：当餐厅业者算出产品售价及利润后，因其品牌及产品知名度等因素，不确认该产品的售价在市场的接受度，若产品价格在市场无法接受，业者必须调整售价或以其他销售的方式来扭转商机。

这四种定价方法虽多以主观的角度切入计算售价，但产品售价的组成包含食材、人力、营业及税金等成本，只有知道自己的成本及所需的利润，才会有合理的售价。

第四节 系数定价法

系数定价法（market-up）是售价（selling price）与食材成本（food cost）间之关联所计算出的一个系数（multiple），该系数包含所有非食材成本的费用（人力、公营事业水电费、利息及税金）及所需的利润。系数定价法可应用于食材成本及主要食材成本两种。

系数 = 1/食材成本率

（1）食材成本系数法：需计算出每道餐点所需的每一项食材成本总和。假设标准食材总成本率为28%，晚餐的鸡肉餐所需的各项食材成本（见表7-3）。

表7-3　晚餐的鸡肉餐各项食材成本

食材品项	成本（元新台币）
鸡胸两个	0.59
烘烤肉汁马铃薯泥	0.19
配菜	0.15
沙拉及酱汁	0.18
面包及奶油	0.09
续杯免费的咖啡	0.12
总成本	1.32

系数 = 1/理想的食材成本率

3.5 = 1/28%

根据上表所计算出的鸡肉晚餐的标准食材总成本为1.32元，其成本率为40%，售价可计算出：

售价 = 标准食材成本 × 系数

4.62 = 1.32 × 3.5

（2）主要食材成本定价：此定价法与成本定价法不同是，仅计算主要的标准食材成本，所以该定价的系数一定大于标准食材成本的系数。以上述"食材成本"为例，主要的食材成本为鸡胸肉两片0.59元，其系数设定为7.8，其售价应为4.62元。

售价 = 主要食材成本 × 系数

4.62 = 0.59 × 7.8

若鸡胸肉因物价上涨成本增加到 0.69 元，该餐点的售价就会调整为 5.38 元（0.69 × 7.8）。

第五节　边际效益定价法

边际效益（contribution margin）是将餐点的销货收入（food revenue）减去餐点的销货成本（food cost），减去后所剩下的金额（数字）需支应其他的营运费用（operating expenses）及税金。

计算这种边际效益定价法的菜单，其内容要越简单越好，所以每位消费者所需均摊的边际效益费用金额（average contribution margin required per guest）为：

［非食材成本（non-food costs）＋需要的获利金额］/预估当月来客数

业主根据每月预估次月的营运报表得知，非食材成本（non-food cost）为 715000 元，获利为 76000 元，且预估当月约有 145000 客人来店消费，菜单内的单一标准食材成本为 4.41 元。所以每位消费者所需均摊的边际效益费用为 5.45 元。

（715000 ＋ 76000）/145000 ＝ 5.45

该项餐点的售价为 9.86 元＝标准食材成本 4.41 元＋每位消费者所需均摊的边际效益费用 5.45 元。

温故知新　习题与讨论

1. 损益表内哪些为观察项目？

2. 举例计算系数计价的方法。

3. 举例计算边际效率计价法。

实作练习　菜单制作

截至目前，大明餐厅的菜单除价格的制定外，其他部分应大致完成。请挑出一道菜依本章第 3~4 节的方法，说明这道菜的售价是如何定出的？＿＿＿＿＿＿＿＿＿＿

笔记栏

笔记栏

第八章 菜单评估与检验

1. 了解菜单评估的重要性。

2. 学习菜单评估的各种方法。

3. 了解哪些是菜单设计时常犯的错误。

餐饮业者应该依据菜单品项统计及获利贡献度（即利润）和点菜率定期检讨后去劣存优，并参考市场趋势更换菜单内容。

第一节 平均消费额法

使用此种方法是衡量菜单价格最简单的方法，但先决条件是必须事先决定一个明确的平均消费额度，即预期销售总额除以预期来店顾客数，得出欲确保的获利数字，再将预计平均消费额与实际消费金额相比较。

但此种方法是必须假设顾客的消费呈现常态性分布，现实状态这种情况很少发生，所以平均消费额法可用度不高。

第二节 价位范围法

此种方法是依据价位来建立范围，如 150~200 元、201~250 元、251~300 元，记录范围内每个价位的销售量，所得结果以次数分配图显示顾客愿意支付的价格范围。如果这张图表是向菜单低价位方向倾斜，即表示所提供的菜单项目超出顾客能够或愿意支付的范围；相反的，若集中在高档价位，则表示顾客有能力或愿意花费更多金额消费。

第三节 菜单评分法

此方法是综合菜单各项目的获利能力和受欢迎程度来评分，分数愈高，菜单品质愈好。利用这种方法可将欲推出的新菜单，先计算预估销售额后，与现有菜单做评比。

表8-1是以菜单上几个品项为例做出评比结果，在得出最初菜单分数91.30分后，可以用一或两项新项目来取代菜单上原有项目，得出新评分后，便可比较这两个分数，看看新菜单与现有菜单孰优孰劣。

表8-1 菜单评分表

(1) 菜单项目	(2) 销售量	(3) 销售单价 (元新台币)	(4) 食物成本 (%)	(5) 总销售额 (2)×(3) (元新台币)	(6) 总食物成本 (4)×(5) (元新台币)
鸡	90	150	30	13500	4050
猪	80	200	32	16000	5120
牛	70	250	38	17500	6650
海鲜	60	300	45	18000	8100
合计	300	900		65000	23920
(7)	平均消费额			(5)÷(2) = 216.67	
(8)	毛利			(5)−(6) = 41080	
(9)	毛利率			(8)÷(5) = 63.2%	
(10)	每份餐点平均毛利			(7)×(9) = 136.94	
(11)	供应总餐数			450	
(12)	受欢迎的餐点比例			(2)÷(11) = 66.67%	
(13)	菜单分数			(10)×(12) = 91.30	

资料来源："Controlling and Analyzing Costs in Foodservice Operations" 2ne ed, James Keiser, (1989), Macmillian Publishing Company. pp.61–62.

第四节 分析菜单品项的边际贡献度及受欢迎程度

综合菜单组合百分比和边际贡献，来决定菜单项目的相对优势，一个低边际贡献百分比的项目仍可能产生好利润。以表8-2及图8-1为例，将已定好的每一菜单项目的边际贡献和整份菜单的边际贡献相比较。同样地，把每一个菜单项目受欢迎程度和假定购买情况是平均分配为菜单平均受欢迎程度相比较。多数认为，如果一个菜单项目的销售额达到每道菜平均销售额的 70%~90%，即为可接受。例如菜单上有 10 项产品，假设销售量分配平均，每一道菜会分到销售的 10%，如果这个菜色销售额可达到全部的 7%~9% 即为可接受，表 8-2 以使用销售额的 80% 为可接受数字来分析。

表 8-2　菜单规划

（1） 菜单项目	（2） 销售量	（3） 销售单价 （元新台币）	（4） 食物成本 （%）	（5） 总销售额 (2) × (3) （元新台币）	（6） 总食物成本 (4) × (5) （元新台币）
鸡	90	150	30	13500	4050
猪	80	200	32	16000	5120
牛	70	250	38	17500	6650
海鲜	60	300	45	18000	8100
合计	300	900		65000	23920
（7）	食物成本百分比	(6) ÷ (5) = 36.8%			
（8）	总边际贡献	(5) – (6) = $41,180			
（9）	平均每位的顾客之边际贡献	(8) ÷ (2) = $137.27			
（10）	每一项边际贡献	鸡：(13500 – 4050) ÷ 90 = 105 猪：(16000 – 5120) ÷ 80 = 136 牛：(17500 – 6650) ÷ 70 = 155 海鲜：(18000 – 8100) ÷ 60 = 165			
（11）	平均受欢迎程度	以每道菜平均销售额 80%：100÷4×80%=20%			
（12）	每一菜单受欢迎的程度：	销售份数÷全部销售餐数 鸡：90÷300=30% 猪：80 ÷ 300 = 26.67% 牛：70 ÷ 300 = 23.33% 海鲜：60 ÷ 300 = 20%			

将菜单品项以边际贡献度（即利润）和受欢迎程度的分数综合起来放在图 8-1 上，会发现结果产生四个象限：

（1）明星型（stars）：属于受欢迎程度高且高边际贡献度的产品，可以尝试借由增加价格和减少分量来提高利润并维持销售量。

（2）跑马型（horses）：是属于欢迎程度高但边际贡献低的产品，也就是薄利多销类型的产品。落入这一区的菜单项目可以借由调涨价格或减少分量来提升边际贡献。如果市场可以接受价格调涨，本项产品将可由跑马型成为明星型产品。但如果消费者抗拒调涨，这样的产品建议保留但放在菜单内较不显眼的位置。

（3）困惑型（puzzles）：属于受欢迎程度低但边际贡献高的产品，这些产品需要借助促销来刺激销售量。

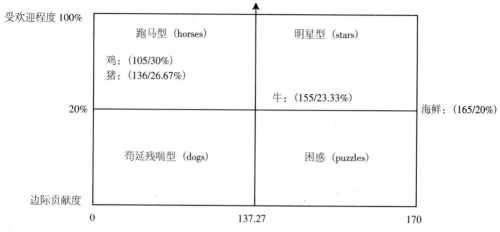

图 8-1　分析菜单品项的边际贡献及受欢迎程度

（4）苟延残喘型（dogs）：是属于不论受欢迎程度或边际贡献度均低的产品，是最没有效益的菜肴，故应从菜单上删除。

综合图 8-1 及表 8-2 的分析，如果市场可以接受价格调涨，海鲜应多促销，牛肉则应摆在菜单内较醒目之处，价格可稍加提高。鸡肉及猪肉可以借由调涨价格或减少分量来提升边际贡献。但如果消费者抗拒调涨，这样的产品建议保留但放在菜单内较不显眼的位置。

菜单品项受欢迎程度及边际贡献度分析，唯一的限制是因为使用平均值作为比较的依据，造成每一个菜单项目不是在平均值之上就是之下，因此建议根据实际销售状况及点菜率来评估菜单项目所获得的边际贡献度。

第五节　菜单设计时常犯的错误

经过前述章节精雕细琢后，一份菜单终于产生。然而在制作过程中，或许因细节繁琐，经营者可能有所疏失，进而使菜单功能功亏一篑。以下是菜单设计时常产生错误的 13 点。建议欲设计菜单者，亦可观察目前市面上餐厅的菜单是否有以下错误，相信一定会发现很多餐厅的菜单有以下瑕疵：

（1）菜单尺寸不恰当：菜单的尺寸与餐桌大小有连带关系，务必实际测量后再决定菜单规格。

（2）菜单字体太小或太大：菜单的规格与提供的信息及内容也有关系，字体太小或拥挤造成阅读困难，但字体太大则浪费空间。一般餐厅为营造气氛，照明不足，给年长者及视力不佳的客人将造成不便。为使字体容易辨识，印刷时应留意油墨颜色及字体印刷粗细。

（3）菜名过于专业又缺乏介绍性文字：

1）餐饮业者会因为本身的专业，在命名时过于专业，往往会令消费者不知所云。此时就需有介绍性的说明辅助顾客了解菜色，节省点菜时间。

2）专业性或特殊菜肴，建议以介绍性的文字，将菜肴做法及主要材料加以说明。

（4）菜单肮脏或破损老旧：

1）肮脏、油污或破损老旧的菜单会使顾客产生不良印象，进而联想整体餐厅卫生状况是否亦不佳。

2）管理人员需定期检视菜单，淘汰不良菜单。

（5）菜名中英或外文拼写错误：

1）印刷前后都需仔细校阅，避免中外文拼写错误。

2）外文翻译需正确，建议附上中文说明辅以原文对照，不仅凸显专业性亦能让顾客了解菜肴，方便点菜。

（6）菜单内书写的内容与实际菜肴不符合：

1）实际菜肴与菜单上说明或照片不符，令消费者有上当之嫌。

2）刊登过时的促销信息。

3）菜单上的菜肴，餐厅常常无法供应，造成顾客困扰。

（7）菜单定价不当或价格涂改：

1）菜单定价不适当，无法与顾客期待相同，令客人有受骗感觉。

2）菜单未能明确列出定价，顾客无所适从，易发生纠纷。

3）太多价格涂改，会令消费者误会为价格调涨或价格不实的感觉。

（8）菜单设计与餐厅风格不符合：

1）菜单的设计与餐厅整体风格不协调。

2）菜单的编排与用餐习惯不相符。

（9）遗漏饮料单或酒单：饮料单与酒类是餐厅增加收入，也是利润较高的品项，遗漏饮料单或酒单实为非常严重的疏失。

（10）菜单种类没有归类：菜单项目重复或没有系统的归类，会造成顾客重复点菜或难以选择，制造点菜困难，进而影响销售。

（11）菜单份数不敷使用：菜单数量不足令顾客等待，影响服务速度，也会令顾客留下不好的消费经验，尤应避免在用餐高峰的菜单短缺。

（12）缺少儿童菜单：设计儿童菜单可增加家庭客源，亦可形成餐厅特色。

（13）菜单无法凸显特色、没有招牌菜：菜单的制作没有突显餐饮特色，缺少自己的招牌菜无法吸引顾客。

温故知新 ｜ 习题与讨论

1. 菜单评估的重要性是什么？

2. 菜单评估有哪些方法？

3. 定义明星型、跑马型、苟延残喘型及困惑型是指何种项目的菜肴？

4. 指出市面上的菜单常犯哪些错误？

实作练习 ｜ 菜单制作

请从第一章至第七章完成的菜单，检查以下是否需修改：

1. 尺寸是否合适：＿＿＿＿＿＿＿＿＿＿＿＿＿＿＿＿＿＿＿＿＿＿

2. 字体大小是否合适：＿＿＿＿＿＿＿＿＿＿＿＿＿＿＿＿＿＿＿

3. 菜名中英文或外文的拼写是否正确：＿＿＿＿＿＿＿＿＿＿＿＿

4. 菜名是否过于专业或缺乏介绍文字：＿＿＿＿＿＿＿＿＿＿＿＿

5. 菜单定价与竞争者或同业相比是否合适：＿＿＿＿＿＿＿＿＿

6. 菜单设计风格与市场定位及消费族群是否调和：＿＿＿＿＿＿＿

笔记栏

笔记栏

第九章　食品卫生与安全对菜单的重要性及未来菜单设计趋势

本章学习目标

1. 了解食品卫生与安全对餐饮业者的重要性。

2. 学习未来潮流趋势并反映在菜单设计上。

3. 了解未来消费者对菜单选择上的要求。

人类为了维持生命而生活，而食物就是维持生命最重要的一环，然而食品却暴露在各种污染的危机当中，因为地球环境正遭受到破坏。此外，现今的菜单也已反映出国人的餐饮习惯趋向健康、卫生及安心，所以食材的来源、保存及烹调等食品流程在维护食品安全系统中，占有非常重要地位。

为让消费者能安心食用餐点，台湾省"行政院"农委会（以下简称"农委会"）已推动多项农产品的产销履历或优良厂商认证机制；国际主要以美国 FDA 及 HACCP 或 ISO 22000 食品卫生安全管理系统的认证等信息，都应在菜单设计时考虑且可列在菜单上让消费者食用安心。

第一节　中国台湾地区认证机制

目前中国台湾地区所提供之认证机制包含以下：

（1）GMP 食品厂认证（见图 9-1）：是英文 good manufacturing practice 的缩写，共有药品、食品及化妆品等类的 GMP 认证，"食品 GMP"是于制造过程中通过产品品质与卫生安全管理的认证，其特点为食品制造厂经由 4M 的管理：人员（man）、原物料（material）、设备（machines）、方法（method）来确保产品的"卫生、安全与品质"。目前食品 GMP 厂共有约 350 家食品制造商通过认证。

图 9-1　GMP 食品厂认证

（2）CAS 农产品认证：是英文 certified agricultural standards 的缩写，为台湾农产品及其加工品最高品质的代表标志，其产品的特点为：

1）原料以国产品为主。

2）卫生安全符合要求。

3）品质规格符合标准。

4）包装标示符合规定。

目前 CAS 验证品项计有肉类、冷冻食品、果蔬汁、良质米、腌制蔬果、即食餐食、冷藏调理食品、生鲜食用菇、酿造食品、点心食品、蛋品、生鲜截切蔬果、水产品、生鲜蔬果、有机农产品、林产品 16 大类，保证 CAS 产品的品质安全无虞。

（3）TAP 产销履历农产品认证标章：是英文 Taiwan 及 traceability agricultural product 的缩写，中国台湾地区"农委会"为让消费者能够吃得安全、吃得安心，满足消费者对食品安全的需求与期待，推动农产品验证标章制度，建构安全农业体系辅导认证。

除 TAP 外，还增加 OTAP 及 UTA 两种认证标章，OTAP 为有机农产品认证标章，目前市面上所贩售的中国台湾地区产有机农产品以 OTAP 为认证标章；UTAP 为优良农产品认证标志，从 2010 年起"农委会"将 CAS 优良农产品标章，陆续转换为 UTAP 标志（见图 9-2）。

图 9-2　TAP、OTAP、VIA 标志

（4）GAP（吉园圃）蔬果认证：为 good agricultural practice 的缩写，吉园圃的意义是指经由优良农业操作进行自然耕种，减少因为农业而带来对自然环境的伤害，适时、适地、适种就能合理地使用农业资材，并提高农产品品质所生产的优良农产品（见图 9-3）。

图 9-3　GAP（吉园圃）标章

（5）SFP 猪只认证：花莲的莲贞猪场是唯一经由中国台湾地区认可，所饲养的猪只于

生长过程中不曾施打疫苗，是中国台湾地区唯一无特定病原猪场（specific pathogen free，SPF），这里饲养的猪没有口蹄疫、猪瘟、赤痢等九种易染疾病，媲美日本养猪农场，为台湾顶级干净猪场。

第二节　国际食品安全管理系统

国际食品安全管理系统包含以下两种：

（1）ISO22000：是一套针对食品安全管理系统为主的认证，等同获有 ISO9001 品质管理系统及危害分析重要管制点（hazard analysis and critical control points，HACCP）的结合。

HACCP 为 20 世纪 60 年代专门生产太空食品的公司而发展出的一套制度，目的是在食品制备过程中，为防止危害发生而制定的系统，在产品制造的过程中筛选出重要的程序，并做出重点性的管理。后经美国联邦食品药物管理局（FDA）将此制度正式纳入美国国内食品卫生标准使用，并于 1995 年推展至全世界。ISO 22000 食品安全管理系统是以 ISO 9001 产品品质管理系统为基础，加上 HACCP 的管制系统所定出来的产业标准架构。

（2）FDA：美国食品及药物管理局（Food and Drug Administration，FDA）对该产品的认证是符合美国条款及联邦法规的真实有效文件，被 FDA 认证的产品可以在美国生产及世界各地自由销售。

取得 FDA 自由销售认证的益处是 FDA 认证书为美国政府的官方证明文件，其信誉被全世界各国政府所尊重。所以有美国 FDA 自由销售认证的产品，在世界上许多国家的卫生及进口部门其申报手续从简，为企业节约时间及金钱。例如美国牛肉若获 FDA 的认证，只要中国台湾地区同意进口，就可在中国台湾自由贩卖。

第三节　未来菜单的发展

面对诡谲多变的市场，除了饕客的嘴愈来愈刁。经济景气复苏缓慢冲击收入，直接影响外食支出。根据美国 Zagat Restaurant 于 2008 年所做的问卷统计结果发现，因钱包缩小，有 38% 的人减少外食，37% 的人会选择经济实惠型的餐厅，以及有 21% 的人不点开胃菜及酒类。

未来餐饮业者面临的是更多的挑战，本章将指出餐饮业者在寻求解决挑战的过程中，未来餐饮业可能产生的变化，进而影响菜单的设计。

（1）现代文明病：为适应三高的现代文明病（高血压、高血糖及高血脂）并顾及年长者比较喜欢简单、低脂的食物，未来在菜单设计上将朝低卡、低盐、低糖、标示热量及兼顾营养均衡成分（nutritionally balanced）的菜单。

（2）单身商机：由于女性工作人口增加，愈来愈多的女性经济独立，在职场上表现丝毫不亚于男性的趋势下，女性的消费力当然不容忽视。加上单身族群的增加，未来在菜单设计上将会出现单身独享餐、淑女菜单以迎合潮流所驱。

（3）餐饮业者为另辟财源，除了在烹调上不断创新，亦会发展微波、冷冻、宅配、外带或半成品等并附简易食谱的菜单，提供给忙碌的现代人另类用餐选择。

（4）由于环保绿色意识抬头，餐饮业者为配合绿色消费，在菜单或包装材质或食材选择上会趋向环保 3r-reduce、reuse、recycle（减少使用损害地球的物质、使用再生材质及回收再利用），有机并注重食物安全处理。

（5）减重（weight watch）、小食（bite-size）、轻食、迷你甜点（mini dessert）等菜单会持续出现以配合愈来愈多注重身材及饮食健康的概念（diet = health = wealth）。

（6）餐饮业者将设计极大或极小分量的菜单以满足各族群的需求，极大分量如目前快餐餐厅的快乐分享餐，极小分量则为单身、老人或健康考量人士而设计的菜单。

（7）儿童餐（children's dishes）：依据美国餐饮协会研究报告指出，有小孩的家庭在外食消费中占 40%，而且至少有一半的次数是由小孩做选择。独立经营者无法负担大型连锁快餐店提供的游乐设施、五颜六色的包装餐点，以及特别赠品促销，但最低限度是即使小孩子看不懂也要提供儿童专用的菜单。儿童专用菜单表示餐厅对儿童的关心，也是培养未来主力顾客的良好投资。设计菜单的重点则是要考虑到儿童的喜好和家长的意见。

（8）餐饮业者为抓住重视品质的客人，食材选择会强调产地直销、有血统证明、天然、标榜不使用抗生素和以素食喂养的畜牧肉品，以便明显强调品质与新鲜。

(9) 更强化菜单设计的独特性：例如地道及地区化的餐点、不容易在家制作的料理或味道及口味独特的菜肴将被视为竞争利器。

(10) 顾客对新菜单项目的兴趣将持续、外籍新娘带来的人口成长菜单：在科技日新月异、汰旧换新容易及信息快速流通的现在，消费者除了喜欢尝试新餐厅和料理外，会十分注重自己吃下的东西，并且要求准确无误地知道食物内容。另外，随着外籍新娘与本地文化融合后，兴起了饮食的多样性，餐厅的经营者必须考量菜单语言和更具文化特色的饮食种类。这些外来客不是为了尝试新鲜或富异国情趣的事物而愿意接受拙劣不地道的饮食，他们需要的是有着地道家乡口味的菜肴，以解思乡之情。

(11) 银发族菜单、标的式促销与标的化等级服务、在特别冷清的时段提供给老人优惠：台湾正迈向少子化、老年人口增加的阶段，今日的老年人比昔日更积极、更有学识，且经济稳定。他们舍得花费，对财富所能提供的价值感兴趣，一旦找到喜欢的餐厅，也不吝于他们的忠诚度。因此，餐厅经营者可针对银发族在有关杂志和生活情报做广告。依据美国餐饮学会研究指出，老年人在选择一家新餐厅时，比较会参考亲戚朋友的推荐，而非网络作为用餐决定。他们也较易受到餐厅评论和指南影响，而非印刷品和播报广告。老年人会期盼侍者（年纪较轻的）对他们有某种程度的尊重，这些侍者可能已经习惯用较轻松的态度服务年轻顾客，但对年长者可能会显轻浮。因此餐厅可以为老年人特制菜单，提供标准分量一半的菜单配合专属的服务。

(12) 早餐或闲时时间提供优惠：老年人或有幼童的家庭通常较喜欢早一点用餐，在黄金时段前作特惠促销可以吸引这个族群，同时增加闲时时段的营业额，因此餐厅经营者可以依据成本设计闲时时段的菜单。

(13) 增加社交菜单、客制化菜单、试吃菜单：个人意识抬头，追求独特与众不同的消费者愈来愈多，因此餐厅也出现依照消费者每次用餐预算、目的，帮客人量身设计专属菜单。试吃菜单则是餐厅推出新菜或广告促销的另类尝试，试吃菜单提供顾客用小分量尝试以及选择各种不同菜色的机会。使用小分量的风险，也会比一般正常分量的主菜来得小，如果顾客点了三种菜肴，他们可能不喜欢其中一种，却仍获得另外两种的好体验，因此试吃菜单也提供顾客一个简便量身定做的机会。

温故知新 习题与讨论

1. 食品卫生与安全对餐饮业者的重要性是什么？

2. 未来菜单该如何设计以便顺应潮流及消费者需求？

3. 请以小组方式设计一份未来菜单并相互评估优缺点。

笔记栏

笔记栏

参考文献

［1］IATA. 特别餐规范. 2001.

［2］Robert Christie Mill. 餐饮管理. 第三版. 李青松审订，蔡慧仪译. 中国台北：台湾培生教育出版社，2007.

［3］金兰馨等. 膳食计划与供应. 中国台北：华格那出版有限公司，2002.

［4］黄韶颜等. 膳食计划. 第三版. 中国台北：华香园出版社，2001.

［5］蔡晓娟. 菜单设计. 中国台北：扬智文化事业股份有限公司，1999.

［6］Albin G. Seaberg, Menu Design Merchandising and Marketing, 4th ed, Van Nostrand Reinhold，1991.

［7］Certified Food and Beverage Executive, Study Guide, Education Institute of AHMA, 2006.

［8］John A. Drysdale, Profitable Menu Planning, 2nd ed, Prentice Hall Inc, 1998.

［9］Paul J Mcvety, Bradley J Ware & Claudetts Levesque Ware, Fundamentals of Menu Planning, 3th ed, John Wiley & Sons，Inc，2009.

北京市版权局著作权合同登记：图字：01-2014-0536 号

图书在版编目（CIP）数据

菜单设计与成本分析/刘念慈，董希文著. —北京：经济管理出版社，2014.1
ISBN 978-7-5096-1937-7

Ⅰ.①菜…　Ⅱ.①刘…②董…　Ⅲ.①菜单—设计—教材②餐馆—成本管理—教材Ⅳ.①TS972.32②F719.3

中国版本图书馆 CIP 数据核字（2014）第 017364 号

组稿编辑：陈　力
责任编辑：杨国强
责任印制：黄章平
责任校对：赵天宇

出版发行：经济管理出版社
　　　　　（北京市海淀区北蜂窝 8 号中雅大厦 A 座 11 层　100038）
网　　址：www. E-mp. com. cn
电　　话：(010) 51915602
印　　刷：三河市延风印装厂
经　　销：新华书店
开　　本：787mm×1092mm/16
印　　张：9.25
字　　数：178 千字
版　　次：2015 年 3 月第 1 版　2015 年 3 月第 1 次印刷
书　　号：ISBN 978-7-5096-1937-7
定　　价：32.00 元